Panorama 全景

Panorama 全景

DER DUFT DER IMPERIEN

帝國的香水

「香奈兒五號」與「紅色莫斯科」的氣味世界

Chanel N°5 und Rotes Moskau

卡爾・施洛格
KARL SCHLÖGEL

劉于怡——譯

紀念

卡爾·拉格斐

Karl Lagerfeld

1933 – 2019

目次

推薦序

最美好的香氛是空瓶

王飛仙／美國印第安納大學歷史系副教授

這是一本害人敗家的歷史著作。

為了親身檢驗《帝國的香水》的核心證據是否為真，我的桌上新添了「香奈兒五號」與「紅色莫斯科」。前者可能是二十世紀最知名的香水，也是我少女時代進入香氛世界的啟蒙。極簡的字體No.5與有著冷靜切面的方形玻璃瓶，巴黎、現代、優雅、與可可．香奈兒的美學，聚凝成瓶中淡金色的液體。後者我在閱讀本書前，聽都沒聽過。金黃與正紅搭配的標籤，似藤蔓又如海浪般捲起的花邊、模仿莫斯科紅場建築的瓶蓋，與其說是洋蔥型圓頂，更像是燭火或紅莓。我在芝加哥的大百貨公司，自輕聲細語的專櫃小姐手中，得到了前者；從俄羅斯香水老舖「新黎明」（Novaya Zarya）在亞馬遜的網店上，買到後者。兩者的醇香強度稍有不同，由茉莉與玫瑰帶出花香調，卻宛如親姊妹般相似。

為什麼「香奈兒五號」與「紅色莫斯科」的氣味，會如此相像呢？德國歷史學家卡爾．施洛格在這本奇妙小書中，揭露他們不但都是出自混跡晚期帝俄的法籍調香師之手，還共享一個創作的藍本：為慶祝羅曼諾夫王朝三百週年，在一九一三年問世，使用高比例的醇為基底，一款名叫「凱薩琳大帝心愛的花束」的香水。他們確實是並蒂雙生的姊妹，在二十世紀上半因革命與大戰而分裂的兩個世界，開展了全然不同的故事。

施洛格是當代德文世界重要的蘇聯史學者與作家。專長是俄國革命、史達林主義、反抗運動的他，也以其細微生動的東歐城市文化史為人所知。雖然《帝國的香水》如他自言是一個直男「始料未及的研究」，跟動輒六、七百頁的另外著作相比，更是輕薄短小，但其書寫風格與研究意趣卻是相承的：在激變的歷史情境裡生活的人們，如何去感知、體驗與理解周遭環境與事件？如何面對熟悉的日常轉瞬成為歷史與回憶？而支撐或造成如此生活經驗變化的政治經濟結構又是甚麼？我們或許可以把本書視為施洛格獲得二〇一八年萊比錫書展大獎、厚達九百頁的《蘇聯世紀：一個逝界的考古學》（*Das sowjetische Jahrhundert: Archäologie einer untergegangenen Welt*）的番外篇。在《蘇聯世紀》裡，他嘗試透過生活中的日常，如商店外的長列、千篇一律的國宅、軍事勳章、國家廣播電台、與香水「紅色莫斯科」等等，重建與討論「活在蘇聯世界裡是甚麼樣的」。而在《帝國的香水》中，藉由追索「香奈兒五號」與「紅色莫斯科」的曲折命運，施洛格向我們展現了巴黎與莫斯科兩個香氣世界的形成、兩個城市之間藕斷絲連的文化與社會網絡，以及氣味如何成為權力與回憶的載體。

感官史提供了我們研究歷史的新取向，但不是為了滿足拜物癖或文藝風情的抒發。誠如美國歷史學家馬克．史密斯（Mark M. Smith）在《感官史宣言》（*A Sensory History Manifesto*, 2021）中倡言，感官史無法也不應成為單獨存在的研究課題，因為不論是重建美國黑奴的樂音、或維京人茅坑的臭味，如脫離其歷史脈絡，都可能誤導當代人以為自己能直觀地去「感時人所感」。施洛格花了相當的篇幅，細膩描摹不同的氣味地景與嗅覺經驗，但其論證分析的基礎，仍然是政治與社會。與《惡臭與芬芳》（*Le Miasme et la Jonquille*）、《大地的鐘聲》（*Les Cloches de la Terre*）等阿蘭．科爾本（Alain Corbin）早期的作品相似，《帝國的香水》更關注的是感官經驗或情感的改變，和經濟、社會內部結構與權力運作的關係；與柯爾本討論的橫跨數代的感官典範轉移不同，施洛格在本書中討論的是在霍布斯邦所謂的「極端的年代」裡，一個世代間發生的嗅覺革命。

施洛格在《帝國的香水》第二篇〈氣味地景〉的開頭，大膽地宣示了本書的野心：「一滴香水裡，承載了整個二十世紀的歷史。」以系出同源的「香奈兒五號」與「紅色莫斯科」為線索，他向讀者展示了巴黎與莫斯科，這兩個因一九一七年俄國革命、兩次世界大戰與歐洲長期分裂而看似平行發展的香氣世界與文化圈，如何有著迥然不同的命運，卻又彼此關聯且互相對照。「香奈兒五號」得以問世，不可不歸功於因布爾什維克革命而流離巴黎的俄國貴族與返國的法籍調香師，以及他們所屬的巴黎－莫斯科經濟、文化與社交網絡。當可可．香奈兒將這來自帝俄末日的香氛，放進明快俐落的玻璃瓶中，她所推動與代表的，是在一戰後歐陸對「美好年代」生活品味的告別與切裂；另一方面，在莫斯科，香水工業被收歸國有，帝國（與源自法國）的調香知識傳承下來，但服務的對象已然不同，「紅色莫斯科」在新的計畫經濟中誕生，是無產階級的芬芳。在戰間期的巴黎與莫斯科，我們看到經歷過革命的設計師、調香師與工匠們，摸索並發展出了精神相似但生產邏輯不同，實用、簡單且可以大量生產的「現代」時尚。這是同一場生活與消費革命的兩個前線。

除了「香奈兒五號」與「紅色莫斯科」在兩個世界中的發展，施洛格同樣有興趣的是他們背後的女人。以大家都熟知的香奈兒女士作為對照組，作者為我們介紹了資料稀少且生平相對隱晦的波林娜．熱姆丘任娜。她是史達林左右手莫洛托夫的妻子，也是戰間期蘇聯香水托拉斯的管理者。這兩人的香水事業，與他們所處的政治情境息息相關。在本書不同的章節中，讀者可以看到這兩位出身平凡的女性，如何抓住新時代的契機，透過不同的社會網絡，向上攀升，在散發著香氣的社交圈與權力場中顯身手。香水的成功增加她們個人的影響力，帶來政治資源進一步發展她們的事業。對照於在二戰期間遊走納粹軍官與維琪政權，雖然通敵卻又能在戰後華麗回歸的香奈兒，因史達林反猶整肅，下放勞改的熱姆丘任娜，在平反後淡出政治，被世人遺忘。正如「香奈兒五號」與「紅色莫斯科」，香奈兒與熱姆丘任娜軌跡相似但結局大不同的人生，是二十世紀分裂而急遽變化的歷史的體現與結果。

施洛格也邀請讀者進一步思索二十世紀的氣味地景，可以如何幫助我們認知這段歷史。如果《惡臭與芬芳》是關於十八、十九世紀，關於香氣的追求與臭味的焦慮的嗅覺革命，那麼在《帝國的香水》中，與高比例人工化學的醛、工業化生產的「現代性」的香水氣息相對的，是怎樣的味道呢？他提供了幾個可能的例子：總體戰爭前線的炮火、瓦斯與腐屍，勞改營與集中營裡的擁擠肉體，焚屍爐的濃煙、轟炸後城市的焦味，那是系統性、大規模的暴力與毀滅的「現代」惡臭。

氣味也具備誘發與再現那些因激烈變化而不復存在的過去——不論是美好回憶或苦難經歷——的能力，因為人們的生命歷程也是感官的體驗，氣味地景因此是社會現實的一部分，承載影音或文字無法捕捉的「歷史」。雖然「香奈兒五號」與「紅色莫斯科」的誕生，體現了戰後新生的時代精神，調香師與消費者透過它們想捕捉的，未嘗不是從「凱薩琳大帝心愛的花束」繼承來的帝國殘香，關於遙遠的童年或北境的幻想，與那個被戰亂摧毀、而只能存在於回憶的昨日世界。當「香奈兒五號」被西方時尚界追捧為永恆不退流行的經典時，「紅色莫斯科」在後蘇聯時期，意外成為俄羅斯人寄託與召喚共產主義「美好生活」的香氣，連空瓶也成為收藏的對象。對帝國的鄉愁與對蘇聯的懷舊，在二十一世紀初的莫斯科，奇妙地交疊在一起，掩蓋了史達林時期極權統治造成的死亡與恐懼的過去。

為了客觀起見，我強迫家裡的直男歷史學家也聞聞「香奈兒五號」和「紅色莫斯科」。這個能勾起我少女時在香港的百貨公司，第一次從櫃姐接過聞香片的美好回憶的氣味，先生的回應卻是：「聞起來很像，但這味道也太老太太了吧？跟明星花露水差不多！」

「明星花露水」的味道，讓你想起了甚麼呢？《帝國的香水》將香水的製造、嗅覺體驗與回憶，作為理解整個時代的切入點。篇幅雖短，卻提供了許多巧妙的取徑與發想，讀者在閱讀的同時，不妨也想想，同樣生活經歷過戰爭、分裂與後威權社會的我們，所建立與經驗的氣味地景是甚麼樣子的呢？我們的歷史，聞起來是甚麼味道？

寫在前頭

始料未及的研究

> 無論革命、戰爭或是內戰，
> 也都會造成嗅覺世界的改變。

這輩子我從未想過自己的研究會和氣味、香氣甚至香水扯上關係。在柏林圍牆倒塌之前，每個曾通過腓特烈大街（Friedrichstraße）檢查哨的人都知道，分成東西兩區的，不只是地理世界，氣味的世界也是。不過，在我的研究規劃裡，總有其他素材及題目排在前面，從未有任何跡象顯示，需要進行這方面的研究計劃來填補學術知識的空缺，也沒有任何證據顯示，這樣的研究會為文化研究帶來轉向。我對香水世界的認知相當貧乏，就像普通男人一樣，我只對肥皂、體香劑、乳液或古龍水有基本的認識而已。我與香氣（Odeur）世界的接觸也相當邊緣，而且分散毫不連貫。例如，那些總是位在百貨公司一樓，一進門便無法避免，必得穿過的香水部門；或者在機場，當你朝著登機口走去，必定要經過的一間間的免稅店。除了香味，或者更精確來說是各種香味的奇特混和之外，還有那些閃閃發亮的水晶瓶，七彩幻化的顏色，鏡子，玻璃，以及女人完美的妝容，這些女人不只是員工或服務員而已，而是模特兒，是優雅的具體化身。在這麼一個繽紛亮麗的世界，由無數細微差異色彩所譜成，總是令我不禁生出如在異世界的陌生感。

儘管如此，我仍然有股強烈的衝動，想突破理智的藩籬，在毫無經驗的狀況下投入這個相當特殊的領域。去書寫一個幾乎完全陌生的題目是奢侈的，而且就像某種形式的賦權（Empowerment）一樣。最初的衝動碾壓所有的遲疑，而這些衝動，不僅僅來自單純的印象，而是在追蹤某些蛛絲馬跡時，引發出自成一格的動機與強烈的吸引力，迫使我將它悉數攤開一一訴說，對知識的渴求才能得到滿足。

一開始，是瀰漫在空氣中的那股香氣。在蘇聯，所有慶典或正式場合，例如在莫斯科音樂學院的大音樂廳、莫斯科歌劇院，或者大學畢業典禮以及婚禮上，空氣中都會瀰漫著這股香氣。這個帶點甜味的濃郁香氣，總是令我想到盛裝的觀眾、打磨得發亮的木頭地板，以及歡笑暢談聲——那是中場休息時，在劇院大廳雲集的觀眾所發出的聲音。後來，我在東德也再次遇到這種香氣，多半是在正式的迎賓場合、在東德蘇聯友好交流圈，或者軍官俱樂部裡。循著這個香氣，就會發現是哪個品牌的香水，這是第一步。接下來，自然而然就會知道該做什麼，一步接著一步。

最初調查發現，這種香氣來自一種名叫「紅色莫斯科」（Krasnaya Moskva / Красная Москва）的香水。我們多半知道「香奈兒五號」的成功歷史，但對蘇聯時期最熱門的香水歷史卻一無所知。但這兩者香水顯然擁有共同的創作藍本，而且兩者的調香師都是沙皇時代的法籍調香師：一位是歐內斯特・博（Ernest Beaux），在俄國革命及陷入內戰後逃回法國，與可可・香奈兒（Coco Chanel）相遇；另一位奧古斯特・米歇爾（Auguste Michel）則留在俄國，協助蘇聯建立香水工業，並改良「凱薩琳大帝心愛的花束」（Bouquet de l'Imperatrice Catherine II）而成「紅色莫斯科」。

「香奈兒五號」與「紅色莫斯科」分別代表著兩個香氣世界的形成，兩個截然不同的人生，分屬二十世紀上半葉巴黎及莫斯科的文化圈，同時還代表著權力所散發出來，足以魅惑人心的香氣：一邊是可可．香奈兒與占領巴黎的德國人合作，另一邊則是知名度遠遠比不上香奈兒的波林娜．熱姆丘任娜（Polina Zhemchuzhing）在政治圈中成功的經歷。她是蘇聯外交部長維亞切斯拉夫．莫洛托夫（Vyacheslav Molotov）的妻子，曾擔任相當於部長的人民委員，也曾負責主導蘇聯化妝香水工業一段時間。二戰結束後，可可．香奈兒暫避於瑞士，波林娜．熱姆丘任娜則在一九四〇年代晚期的反猶運動中被流放在外五年，親身體驗過什麼是「勞改營的氣味」。香奈兒在一九五〇年代的巴黎時裝界大放異彩，熱姆丘任娜則與丈夫隱居在莫斯科，一生堅持史達林主義路線，直至一九七〇年去世。另一條岔出去的分支線索則指向奧爾嘉．契訶娃（Olga Tschechowa），有「德國影壇絕代女神」之稱，同時也是一名持有專業證照的美容師。

儘管「紅色莫斯科」曾風靡一時，但在蘇聯時代晚期仍抵擋不住經濟停滯及全球香水工業壓境所造成的壓力。但在後蘇聯時期的俄國，這款香水又重回市場，就像蒐集香水瓶的狂熱一樣，成為「追尋失去的過往」的獨特象徵。而循著這條線索，竟也挖掘出驚人的發現：蘇聯前衛藝術大師卡西米爾・馬列維奇（Kazimir Malevich）竟然是蘇聯最暢銷的淡香水之香水瓶匿名設計師，時間則在他創作出《黑方塊》這個象徵二十世紀藝術的作品之前。

在研究的漫漫長路中，有時會在一段時間內毫無進展，有時卻突然有了突破性的發現。當我徘徊在俄羅斯各個城市的市集與跳蚤市場，到處尋找香水瓶及革命前的廣告海報時，不期然地就會遇到那些單靠自己摸索而成的業餘行家。我也會去凡登廣場（Place Vendôme）及康朋街三十一號（Rue Cambon 31）朝聖，只為了親眼目睹香奈兒展示新裝的樓梯。在這樣的當下便會了解，對浮華世界的社會分析所得之啟示，並不亞於市井小民日常生活史的研究。林立在聖奧諾雷街（Rue Saint-Honoré）上的精品店及香水專賣店帶給人的印象不只是匠人的尊嚴，還有藝術家及設計師無邊的想像力。若沒有時尚大帝卡爾・拉格斐帶給我的靈感，應該也寫不出這本書。在博物館及檔案中心蒐尋資料，這些對研究人員來說再熟悉不過的資料，這回卻在特殊情境脈絡的索引下，爬梳出一張社會與人際關係網。像是香奈兒與同時代、有俄羅斯芭蕾舞之父之稱的謝爾蓋・達基列夫（Sergei Diaghilev），或是將馬列維奇同置於蒂芙尼（Tiffany）、新藝術運動（Art nouveau）大將埃米爾・加萊（Émile Gallé）與現代珠寶設計翹楚荷內・拉利克（René Lalique）的時代下。此外，透過網路搜尋也會發現，「紅色莫斯科」也不再只是懷舊人士的收藏品，而是隨時可以購買的商品。

每個時代都有各自獨特的芳香、各自的香氣以及各自的氣味。在「極端的年代」*裡，自然也發展出這個時代所特有的氣味地景。無論革命、戰爭或是內戰，也都會造成嗅覺（olfaction）世界的改變。如今，我們終於可以——而且是用「鼻子」——回顧爬梳，探索並敘述上個世紀那個一分為二的兩個世界了。

二〇一九年春天於柏林／洛杉磯　卡爾・施洛格

* 譯註：語出英國史學家艾瑞克・霍布斯邦（Eric Hobsbawm），指一九一四年至一九九一年：Eric J. Hobsbawm: *The Age of Extremes: The Short Twentieth Century, 1914-1991*, London 1994.

帝國的香氣

一九一三年的「凱薩琳大帝的花束」
如何在革命後變成「香奈兒五號」及
蘇聯香水「紅色莫斯科」

他搜集了莫斯科及聖彼得堡的氣味，
以及巴甫洛維奇大公貴族童年的味道，
並捕捉了帝國衰亡之末日、北極特有的凜冽清新。

凱薩琳大帝的花束

無論怎麼看都像是個偶發事件。一九二〇年夏末，可可．香奈兒去坎城旅行時，到調香師歐內斯特．博的實驗室裡與他見面。這場會面很可能是德米特里．巴甫洛維奇．羅曼諾夫（Dmitri Pavlovich Romanov）牽的線，這位香奈兒當時的情人有大公（Grand Duke）的貴族頭銜，是沙皇家族成員，末代沙皇的堂弟，遭流放後便定居於法國。[1]德米特里．巴甫洛維奇大公是一九一六年冬天拉斯普京（Rasputin）謀殺案*主凶費利克斯．尤蘇波夫（Felix Yusupov）伯爵的好友，歐內斯特．博與他都屬於俄國貴族奢華摩登世界的成員。身為莫斯科皇家御用品牌阿爾豐斯雷萊特公司（Alphonse Rallet & Co.）的首席調香師，歐內斯特．博在俄國革命及陷入內戰後回到法國，加入了收購雷萊特公司的法國香水製造商奇麗絲（Chiris）位在格拉斯（Grasse）的公司。一九一三年，為了慶祝羅曼諾夫王朝成立三百週年，他在俄國調製了「凱薩琳大帝的花束」，並在一九一四年更名為雷萊特一號（Rallet N° 1）——畢竟當時俄國正與德國交戰，實在不能期望俄國顧客還會想對出身神聖羅馬帝國下的安哈特－采爾布斯特（Anhalt-Zerbst）公國的女皇致敬。後來，他將這款香水配方帶到法國，尋找符合法國時尚的新「花束」。從他所調製的系列十個樣品中，可可・香奈兒選中第五號樣品，這也是後來商品名稱「香奈兒五號」的由來。

著有《香奈兒五號香水的祕密》（*The Secret of Chanel No.5: The Intimate History of the World's Most Famous Perfume*）一書的作者緹拉・J・瑪潔歐（Tilar J. Mazzeo）曾如此描述歷史的這一幕：

> 他們眼前有十罐小玻璃瓶，瓶身分別以數字一到五、以及二十到二十四標示著。數

＊編按：拉斯普京為沙皇尼古拉二世時的神祕主義者，對沙皇與皇后有巨大影響力，於一九一六年被費利克斯・尤蘇波夫伯爵、德米特里・巴甫洛維奇大公等人聯手刺殺身亡。

歐內斯特·博，約攝於1921年

字之間的間隔，代表了這些香氛是由兩種不同、但卻互補的系列組成，擁有兩種不同的「姿態」。每罐小玻璃瓶內都使用了創新的香氛，以五月玫瑰、茉莉花為核心香氣，並大膽添入所謂「醛類」的香氛分子。然而根據傳言，有位粗心的實驗室助理，在最後一道製作手續中，無意間把這種風貌未明、強烈且純粹的材料，誤當作其中百分之十的稀釋液，大比例地加入其中一罐玻璃瓶中。

那天，置身在滿是調香師使用的量尺、燒杯、與醫藥用瓶的工作室裡，香奈兒專注試聞、逐一慎思考慮。她緩緩把一個又一個的樣本端到鼻下，整間工作室只聽得到她靜謐緩慢的呼吸聲。她臉上毫無表情，喜怒不形於色，所有認識她的人都記得她試聞時的淡漠模樣。幸好，其中一瓶樣本似乎與她的感官一拍即合，因為她終於露出微笑，毫不猶豫地說，「五號。」她後來補充，「沒錯，那就是我等待已久的香氣，獨一無二、飽含女人香的香水。」

就連將它命名為五號，她也顯得自信且毫不猶豫。她告訴歐內斯特：「我在一年中的第五個月份的第五天發表我的時裝系列，所以乾脆就用這個樣本的號碼『五』當成它的名字吧，這會帶來好運。」[2]

關於這款傳奇香水問世的那一刻，歐內斯特．博自己曾在幾年後親口描述過，那是在一九四六年二月二十七日的一場演講：

有人問我如何創造出香奈兒五號。首先，它是我在一九二〇年，從戰場歸來後所創造的。戰時我曾在歐洲北國渡過一段時間，那是極圈以北的地帶，那段日子極地陽光普照，湖水河水皆無比清新。那裡特有的氣味，一直存在我的記憶之中。之後我竭盡心力，才重現出那股獨特的氣味，雖然當時醛這個化合物還相當不穩定。其次，為何是這個名字？香奈兒夫人擁有一家非常成功的時裝精品店，她請我調製一款香水。我給她一系列從一號到五號，二十號到二十四號的樣品。她選了一些，五號也在其中。我問她：「這香水該如何命名？」她回答說：「我將在五月五號發表我的新時裝，不如，我們就讓這個香水保留它的名字吧。五號這個名字會給它帶來好結果。」我得承認，她是對的。這款新的香水調性非常成功，從來沒有哪款香水像香奈兒五號一樣，能獲得這麼多推崇，引來這麼多仿造。[3]

五號這個名字是抽象的，並不會讓人聯想到任何散放奢華的傳統香氣如玫瑰、茉莉、依蘭依蘭（Ylang Ylang）或檀香等等，而是指向某種新事物，一種化學調製出來的香味，以醛作為調製原料；五號指向它的成分，一種「改變嗅覺世界一整個世紀」的成分，「使香奈兒五號成為這個時代香水的翹楚」。其實，在香水中添加醛並非首例，但用在知名香水，且劑量如此高則是頭一遭：「這也創造出全新的香氣系列，也就是所謂的醛香花香（floral aldehyde），在這一系列中，醛的氣味跟花香一樣重要」[4]。

歷史悠久的香水工藝，此時尚未褪盡源自煉金術及製皂工藝的痕跡，便碰上工業時代的化學。醛是在氧原子、氫原子和碳原子特殊排列下所組成的分子，它是酒精與氧作用——也就是氧化——後產生酸這個自然過程中的一個階段。醛是合成分子，是在實驗室中製造出來的分子，它們被化學家分離出來，是能產生多種氣味的穩定分子，像肉桂醛（cinnamaldehyde），橘皮及檸檬香茅（lemongrass）帶酸的清香等等。不過醛也是揮發性物質，味道很快就會淡掉直至完全消失，但它們能凸顯香水的馨香，從而刺激神經系統反應，「給人略帶刺激的清新感，或像觸電般打個哆嗦。所以說，『香奈兒五號』帶給感官的刺激，就像香檳裡成串清涼圓潤的氣泡，一顆顆迸裂。」而這正是歐內斯特·博想要達到的效果！他想調製出來的香氣，正是當年他為了逃離俄羅斯內戰，在穿越科拉半島（Kola Peninsula）的路途上，北極圈內凍原雪地景色所嗅到的氣味。「今日在阿爾卑斯高山地帶以及單調極地凍原的積雪中，所含的醛濃度相當高，是一般其他積雪地區的十倍，因此，那裡的空氣及冰顯得特別乾淨清新。」歐內斯特·博將撲鼻的雪及融雪的氣味，加入他在格拉斯這個鮮花及香水之都本來就有的大量頂級茉莉，調配出濃郁甜美的香氣。而這樣特調出來的香氣，價格自然也相當頂級。「挑動感官的花香與潔淨到幾乎是禁慾程度的醛，這兩者極端對比氣味所營造出來的氛圍，正是香奈兒五號及其成功的祕訣之一。」[5]

香奈兒五號，攝於1926年

在種種關於「香奈兒五號」的創造傳說中，助理一時失手的說法很難自圓其說，因為從玫瑰、茉莉花等香調與醛香之間完美的平衡，可以確定這是一系列試驗下所得的成果。而歐內斯特．博聲稱從極地新鮮空氣所得之靈感也不怎麼可靠，因他在一九一三年調製「凱薩琳大帝心愛的花束」時，便已使用醛為原料，而這款香水的靈感，則是來自法國調香師羅伯特．畢奈美（Robert Bienaimé, 1876-1960）一款大受歡迎、名為「群花」（Quelques Fleures）的香水。因此，最有可能的，應該是「香奈兒五號」為復刻（修飾過的）一九一三年「凱薩琳大帝心愛的花束」——這款一年後改名為「雷萊特一號」的香水。[6]

據稱，「香奈兒五號」是由三十一種香水原料混合而成。香水專家自有一套嚴謹的術語，能夠設法以最貼切的語言表達它的氣味。倘若使用這套語言（或以艱澀難懂的語言包裝）則這款香水的描述會是如下：

前調占主導地位的是氣味明亮清新，且微帶金屬、蠟脂及煙燻感的醛類錯合物 C-10 / C-11 / C-12（1:1:1.06 %），令人聯想起肥厚的玫瑰花瓣及橘皮的典型香氣。這種帶著地中海柑橘香的氣味在與佛手柑精油、沉香醇及苦橙葉精油調合後更加明顯。撐起中調香氣的主要是茉莉、玫瑰、鈴蘭（羥基香茅醛）、鳶尾花乳油及依蘭依蘭精油……為了達到香奈兒夫人突顯茉莉香氣的要求，他再加入賈斯蒙佛（Jasmophore）品牌的茉莉香基，以及自己特製的玫瑰香基「Rose E. B.」（E. B.是歐內斯特・博名字縮寫）。這段盛放的花香中調再配以紫蘿蘭酮（Ionone，又稱香堇酮），這種帶著飽滿脂粉香的紫羅蘭香調（Violet）微調，呼應並拉長鳶尾香調的時間。除此之外還有五月玫瑰、橙花精油和巴西零陵香豆（Tonka beans）。辛香料肉桂（cassia）及異丁香酚（isoeugenol）則使香味更顯張力，並藉此引導至後調香味。後調使用爪哇頂級香根草（Vetiver）香調，這在女性香水上甚為少見，以這種帶著陽剛特質為對比的後調開場氣味，就像簽名一樣，是歐內斯特・博的特殊手法。這種木質香調再以檀香木精油及廣藿香精油進行微調。接著香草醛（vanillin，又譯香蘭素）、香豆素（coumarin）及蘇合香（storax）三種化合物突顯出性感的麝香系，引導出這款香水最後一個主題。在一九二一年的原始版香水，使用了麝香鹿麝香貓腺體分泌物，再加上酮麝香（musk ketone）及香硝基麝香（musk ambrette）這兩種人工合成硝基麝香（nitro musks），圍繞著一股淡到幾乎察覺不出來的橡木苔（oakmoss）及肉桂的香氣。基於動物保護原則，天然麝香早已禁止使用，硝基麝香又因光毒性作用（phototoxicity）

僅能微量使用，因此這款香水配方隨著時間變化不斷調整，以適應最新安全標準。[7]

雖說利用分子檢驗方式可能可以「百分之百」揭開「香奈兒五號」配方發展之謎，但另一方面人們還是繼續聲稱，香水配方至今仍然保密。[8]

如果說，「香奈兒五號」的歷史發展處處充滿疑竇，那也是因為香水這一行業的特殊因素。就像徐四金（Patrick Süskind）小說裡所寫的，在香水這一行裡，保密是必須的。「香奈兒五號」空前的成功也不能單以配方來解釋，尚須許多條件配合才行，本書中也將會一一陳述。就如卡爾．拉格斐在向可可．香奈兒致敬文中所稱，這瓶香水的問世不僅僅只是因為香奈兒、歐內斯特．博與德米特里．巴甫洛維奇大公三人的合作，而是「俄羅斯關係」（Russian Connection）下的產物。[9]歐內斯特．博拿他從前在俄國的作品當成基底，調製出一款更加清晰大膽的香水。他搜集了莫斯科及聖彼得堡的氣味，以及巴甫洛維奇大公貴族童年的味道，並捕捉了帝國衰亡之末日、北極特有的凜冽清新。但更重要的是，這款香水配方帶給可可．香奈兒的感官知覺是全方位的：有新鮮亞麻布及肌膚溫潤的氣味，也可以聞到香奈兒童年時待過的孤兒院奧巴辛（Aubazine）及她首任情人莊園所在地羅亞呂（Royallieu）的氣味，更使她跌進英國情人「男孩」及她首任情人的情婦艾咪莉恩

（Emilienne）的回憶之中。這是她的香水，而且與她一樣，有段複雜且部分晦暗不明的過去。這款香水「準確捕捉到二〇年代這個黃金時期的精神」，在香水世界中造成的影響足可稱為「典範轉移」。[10]尤其是香水瓶身的設計，更是充分展現出迥異於過去的姿態，昭告世人：花團錦簇妝飾繁複的年代已是昨日黃花，新時代來臨了。二〇一二年巴黎東京宮（Palais de Tokyo）「香奈兒五號」盛大特展之策展人尚－路易．弗蒙（Jean-Louis Froment）便認為，這款香水具體展現出當時的「時代精神」。[11]

「典範轉移」同時也發生在俄國，但卻是無與倫比的血腥殘暴。這段俄國歷史上的「混亂時期」（Smuta），是因戰爭、革命和綿延十年的內戰而產生的混亂狀態，期間不少工廠關閉或被強制徵收，職員不是遭受驅逐就是謀殺，隨著所有權的轉換，各種檔案也因此消失或流散於世界各處。工廠一切停擺，工人全部返鄉，只求有糧食能填飽肚子。由於內戰的混亂及各處的封鎖，原料供應完全中斷，甚至有人提議，像香水工業這種奢侈品製造業，理論上根本就不該繼續存在。外籍專業人員全部消失（一九一四年第一次世界大戰開戰後，德國人也變成了「敵人」），整個產業不只生產製造停擺，工作熱忱更是蕩然無存。像位在莫斯科的布羅卡公司（Brokar & Co.），革命前員工人數高達千人，在這段時間卻急遽縮減成兩百人左右，老師傅及專業人員全都逃亡去了，廠房也被挪作他用。有段時期布羅卡公司的工廠甚至被挪用來印製以蘇聯國家印刷廠名戈茲納齊（Goznaki）為稱呼的蘇聯紙鈔，原先布羅卡公司留下的人則被趕去另一家壁紙工廠。然而在一九一四年，布羅卡公司才剛為了慶祝成立五十週年，出版了一本印刷精美的紀念特刊，展現出莫斯科最先進的工廠設備，及全世界排行前幾名的香水大廠。[12]但在物資匱乏的內戰時期，不僅紙張稀缺，連圖書館裡的書全都送進被稱為Burshujki的鐵製小火爐裡當柴薪，使公司揚名整個帝國的精美廣告海報已經沒有任何用途了。

所有私營企業全收歸公有並有了新的名稱：布羅卡公司起初改名為國家第五號肥皂製造廠，後又改稱為「新黎明」（Новая Заря / Novaya Zarya）；雷萊特公司則先改名為第四號肥皂工廠，一九二四年又改稱為「自由」（Свобода / Svoboda）；切普勒夫斯基父子（S. I. Chepelevetsky & Sons）香水廠改成工會工人廠（Profrabotnik），柯勒（Köhler）公司變成第十二號製藥廠（Farmzavod No. 12）。[13]一旦恢復生產，產品全部集中於民生急需的衛生用品，在那段時期，香水工業又回到肥皂製造時代的歷史原初點。當時最重要的是供應紅軍的需求，讓他們能拿著最基本的衛生用品，在鄉間跟農夫換麵包。在維生經濟（subsistence economy）的交換循環裡，肥皂與香水是珍稀品，一塊肥皂可以跟一條能救人命的麵包等值。[14]

根據俄文資料的說法，那些瀕臨倒閉的工廠能夠恢復生產，皆仰賴職員及工人的奔波。像是葉夫多基婭．伊萬諾夫娜．烏瓦羅娃（Yevdokiya Ivanovna Uvarova），一位布爾什維克黨的黨員工人，在當上第五號肥皂製造廠（原布羅卡公司）廠長後，直接上書列寧，[15]因此從前布羅卡與其他公司遺留的珍貴精油，得以部分保存下來，並在復工之後用來生產那些市場規模大為縮小的奢侈品。

不過，像布羅卡或雷萊特這些公司，在革命後變成國營企業所接收到的最重要遺產，並非是工具、機器或原料等實體物質，而是延續下來的職業傳承，精確來說便是接收專業人員及管理階層的知識及專業技術。就像繼承布羅卡公司的「新黎明」，同時也接收了奧古斯特．伊波利托維奇．米歇爾（Auguste Ippolitovich Michel）這位擁有香水配方且知道製作方法的專家。一九二四年精油恢復進口，奧古斯特．米歇爾又開始調製香水。一九二五年，他提出的第一個配方是「曼儂」（Manon），同年也調製出「紅色莫斯科」。根據調香師沃依克維奇（S. A. Voitkevich）的說法，這款香水是由橙花、檸檬、佛手柑和麝香精油調配而成。基本香調是 α 異甲基紫羅酮（alpha isomethyl ionone），比例高達百分之三十五。而根據另一項資料顯示，這款香水含有六十種組成成分，其中包括鳶尾、紫羅蘭／香堇、康乃馨、依蘭依蘭、玫瑰和龍涎香。[16]雖然香水配方早在一九二五年完成，但一直要到一九二七年（十月革命十周年慶），這款香水才正式上市。[17]

在蘇聯，奧古斯特・米歇爾這個名字很長一段時間無人提及，甚至於這些經典香水是否真是由他調配出來的，也總是受到質疑。據稱，就連他訓練出來的學生，也就是蘇聯香水工業的奠基者亞力克榭・波古德金（Alexey Pogudkin）及帕維爾・伊萬諾夫（Pavel Ivanov），都對這些外籍調香師頗有微詞。不過，「新黎明」總裁安東妮娜・維特科夫斯卡雅（Antonina Vitkovskaya）在二〇一一年聲明，「赫赫有名的『紅色莫斯科』創造者」，是奧古斯特・米歇爾無誤。她在親手贈禮給當時的俄羅斯總統德米特里・麥德維夫（Dmitry Medvedev）時曾說：「『紅色莫斯科』是俄羅斯香水傳奇。在我們工廠裡還藏有一瓶一九一三年的樣品……在此獻給您，從此，您手上也握有一段俄羅斯的香水歷史」。這是革命後改名為「紅色莫斯科」的最原始香水配方，裝在最初設計的香水瓶裡。在莫斯科香水工藝博物館中，「新黎明」品牌的香水展覽櫃裡，「凱薩琳大帝心愛的花束」及「紅色莫斯科」是並排陳列的。[18]

實際上，這段歷史並不是那麼清楚明確。當外界對歐內斯特・博的生平事蹟幾乎可說是瞭若指掌時，卻對奧古斯特・米歇爾的生平相當陌生。歐內斯特・博是沙皇御用香水供應商阿爾豐斯・雷萊特（Alphonse Rallet）調香師的兒子，一八八一年出生於莫斯

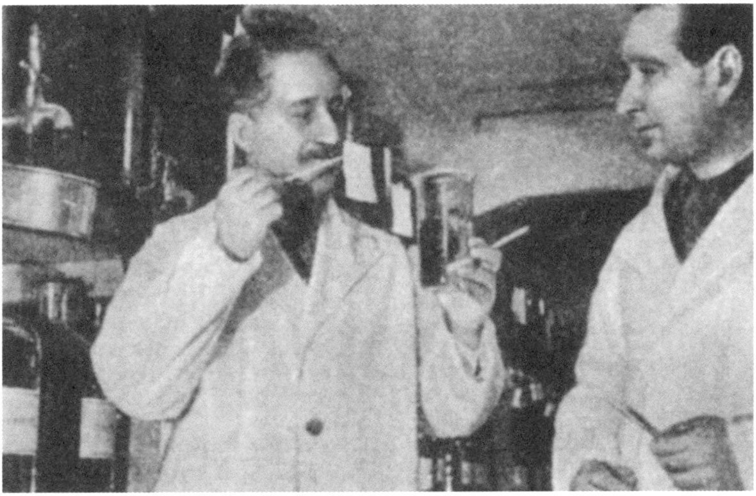

工作中的奧古斯特·米歇爾（左），攝於1930年代中期

科，在法國接受教育及服兵役後，於一九〇二年回到俄國，成為雷萊特首席調香師，並於一九一二年為博羅迪諾（Borodino）戰役一百週年紀念調製出「拿破崙的花束」（Bouquet de Napoleon）而風靡一時。一九一三年，為慶祝羅曼諾夫王朝成立三百週年所調製的「凱薩琳大帝的花束」，又一次大獲好評。一九一四年，為了一次大戰中的法國盟友，這款以凱薩琳大帝為名的香水更名為雷萊特一號，也就是一九二〇年內戰後，歐內斯特·博介紹給可可·香奈兒香水的原始版本。

有關奧古斯特·米歇爾的記述則相當簡略，並且充滿矛盾。有人說他是十九世紀移居俄羅斯的法國香水製造商之子，而他本人

奧古斯特・米歐爾的「紅色莫斯科」

在一九三六年的某次訪問中，宣稱自己是在法國蔚藍海岸的格拉斯出生長大，在那裡接受完整的調香師訓練後，一九〇八年來到莫斯科受僱於雷萊特公司，之後顯然被布羅卡公司挖角跳槽。[19]他很可能認識歐內斯特・博，也很可能知道歐內斯特・博的香水配方。至少，我們確定兩者都是布羅卡公司調香大師亞歷山大・樂梅西埃（Alexandre Lemercier）的學生，且都受到霍比格恩特（Houbigant）*調香師羅勃・畢安內梅（Robert Bienaimé）在一九一二年所調製的「花香」（Quelques Fleures），這款使用二－甲基十一醛（2-Methylundecanal）為原料、炙手可熱的香水所啟發。

奧古斯特・米歐爾既是從雷萊特跳槽到布羅卡，應該就會知道「拿破崙的花束」的配方，這也是「凱薩琳大帝心愛的花束」的基礎配方。按照娜塔莉雅·多爾戈帕洛娃（Natalya Dolgopolova）所說，這也就代表兩家莫斯科香水廠在一九一二至一三年間，分別推出兩款名字不同，但實際上相似甚或相同的香水。曾在雷萊特公司工作的歐內斯特·博將「拿破崙的花束」及「薩琳大帝心愛的花束」配方帶到法國，並因此創造出「香奈兒五號」；奧古斯特·米歇爾則是一路從雷萊特轉到布羅卡公司，於一九一七年公司收歸國有後變成為「新黎明」工作。[20]

無論如何，「紅色莫斯科」終究問世了，且成為蘇聯時期最負盛名的香水。當蘇聯解體，香水行業私有化後，「紅色莫斯科」曾短暫停產一段時間，但在重製後，又成功返回俄羅斯市場。然而，第三代「紅色莫斯科」的香氣已與初代相差甚遠。若想用鼻子體驗最初的香氣，就必須按照原始配方及原始材料，重現當年的版本。另一種可能性則是打開一瓶尚未開封，且保存良好的初版香水。不然的話，也可以參考像弗里德曼（R.A. Fridman）等蘇聯香水專家對這款香水的描述：「一款溫暖輕柔，甚至微帶熱氣，既私密又服貼的香水，是典型的女人香水」。[21]

＊編按：一七七五年在法國巴黎成立的老牌香水公司。

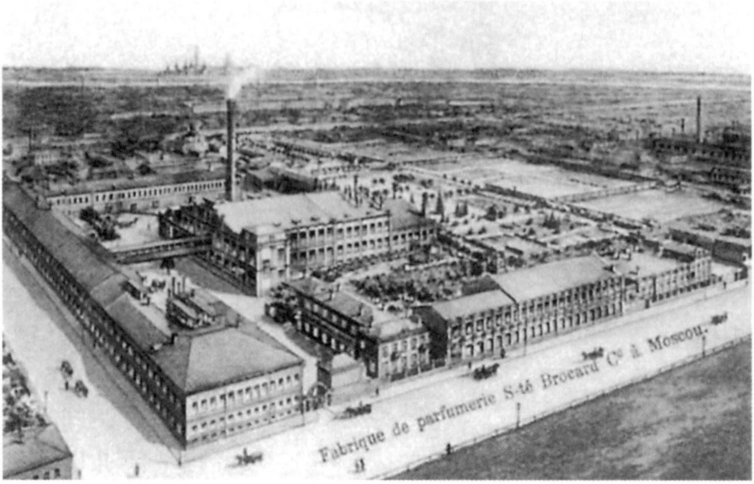

布羅卡公司全貌，攝於1914年前

很顯然的，香水製造知識在革命後已安然移轉，傳統也得以延續下去，其中奧古斯特・米歇爾有幸成為傳承者，不過，正如他在一九三〇年代接受訪問時所言，這一切還多虧了另一個巧合才能成立。在歷經莫斯科革命及內戰所造成的混亂後，米歇爾曾設法在內戰結束時重返法國，當時，莫斯科大部分法國僑民早已回家。但當他把護照交到莫斯科市行政機關申請簽證時，卻再也拿不回護照了。在沒有任何證件的狀況下，他獲得居留許可，並且繼續留在收歸國有的布羅卡公司工作。一直到一九二四年，法國與蘇聯重新恢復外交關係，他才拿回護照，但此時他已決定留在蘇俄，可能是因為工作的關係，也可能是遇到他一生的摯愛。從結果來看，米歇爾在革命後俄羅斯香

布羅卡香水瓶

水工業的重建上，扮演了一個舉足輕重的角色，而這個革命，同時也以它的方式為俄羅斯香水世界帶來「典範轉移」。

高度發展的香水工業，革命前基本上是由外國公司，特別是法國公司所主導，並為了爭奪俄羅斯這塊橫跨歐亞的市場大餅有著激烈競爭。革命後一切國有化，公司目標與發展重點也有了一百八十度的轉變，此時最重要的是衛生及日常保養等民生必需品。面對外籍專家離開，主要原料進出口供應鏈斷裂的窘狀，俄羅斯的香水工業必須全面重組，才可能在新局勢下站穩腳步。

起初，蘇聯最高國民經濟委員會（縮寫為VSNKh）將肥皂及香水工業編制為「油脂工業主要委員會」（簡稱為Tsentrozhir），自一九二一年起收歸在縮寫為「Zhirkost」的國營托拉斯（Trust）下。一九二〇年代初期蘇聯開始實施新經濟政策（НЭП／NEP）時，約有四百七十個國營托拉斯。其中Zhirkost托拉斯囊括了所有重要的化妝品公司，包括從前的布羅卡及雷萊特公司，現在他們主要生產香水、肥皂、古龍水、脂粉、牙膏等等，產品也有了新名字。這個在歷史上重組過好幾次的托拉斯，有一個聽起來非常法國的名稱「特哲」（TeZhe），實際上它是「國家油脂骨頭加工托拉斯」（Gosudarstvenny Trest Zhirovoyi Kosti Obrabatyvayushchey Promyshlennosti）的縮寫。「特哲」發音有如法文，因此也成了品牌名稱，是一九二〇及三〇年代，蘇聯最具代表的化妝品品牌。在一九二六及二七年間，「特哲」名下共有十一家製造廠，有六一二〇名工人及六五二名職員，香水只是所有產品中的一小部分而已。[22]挾著法國風的名字，「特哲」與那些革命前的知名法國品牌，如今仍留在人民記憶中的雷萊特、寇蒂（Coty）、嬌蘭（Guerlain）及霍比格恩特相抗衡，並出現在蘇聯重要城市中，特別是在那些接待外國人的旅館所設立的豪華精品店裡。所有與香水有關的行業，甚至包括化學實驗室、玻璃雕刻工藝以及銷售部門，全都歸屬於「特哲」之下。就規模及產品數量而言，蘇聯化妝品及香水行業托拉斯可以說是全世界同類行業中，組織規模最龐大的一個。

歷經大戰及內戰，「特哲」在蘇聯開闢出一個有著芬芳氣味的空間，但同時也成功地遮掩了一個事實：香水業成為國營企業的一部分，不再聽命於市場的供需法則，也不再參與品牌之間脫韁野馬的大亂鬥，而是按照國家經濟計畫，走上一條全新的道路。香水製造已變成黑格爾（Hegel）所謂的「政治主場大戲」（Haupt- und Staatsaktion），香調與化妝品，以及香水與標籤等種種選擇，現在全都成了食品暨輕工業人民委員部的議程，由他們負責拍板認定。就算是香水世界，如今也必須臣服在「政治至上」（primacy of politics）的原則之下。

而那款曾被稱為「拿破崙的花束」或是「凱薩琳大帝心愛的花束」香水的香氣，則成了未來兩款各具革命性意義香水的開端。兩者（幾乎）是一樣的香氣，但在接下來的幾年（及幾十年）間，各自隨著兩條不同現代化的路上，造成典範轉移。同樣的情形也反映在香水瓶形式的設計上，兩邊不約而同地都朝著簡約的方向發展：一邊應該是源自對花樣太多及過度裝飾的厭倦；另一邊，則單純為情況所逼不得不如此。不過，不管怎麼說，香水瓶的形狀原本就具有幾何美學、功能主義以及至上主義（suprematism，或譯作絕對主義）的精神。布羅卡香水標籤的設計很可能出自一位名叫尼古拉．斯特魯尼科夫

拿破崙的花束，1912年為紀念博羅迪諾戰役一百週年所推出

（Nikolai Strunnikov）的設計師；女皇心愛花束的包裝及後來「紅色莫斯科」的香水瓶，則是由安德烈・伊夫塞耶夫（Andrei Yevseyev）所設計。還有一位不該被遺忘的藝術家是曾為布羅卡公司工作的弗拉基米爾・羅辛斯基（Vladimir Rossinsky），革命前布羅卡公司成立五十週年（一八六四至一九一四年）的慶祝專刊便是由他設計。他將公司歷史以彩色漫畫的方式呈現，在當時還曾引起一陣轟動。後來的「特哲」沿襲了非常多革命前的設計。[23]大約在一九二一年至一九二八年之間，也就是所謂的新經濟政策時期，許多舊有的形式在略作現代化修飾後繼續存留下去，只是換了個名字而已。例如在一張廣告海報上，極力推銷名為「鵝羽毛」的化妝粉，但另一張則是宣傳名為「斯巴達基亞德」（Spartakiad）的產品，讓人聯想到無產階級運動。*這種新舊形式並存的情況，在過渡時期以及臨時政府的雙頭統治下相當常見。但這樣的過渡時期，在香水界不可能不造成任何衝擊；對創造香水的人，也不可能不留下任何影響。

* 譯註：斯巴達基亞德運動會是蘇聯為了對抗奧林匹克運動會所主辦的國際運動會。

氣味地景

普魯斯特的瑪德蓮和歷史書寫

就像「時代的噪音」，
每個時代都有自己的聲音，
每個時代也都有自己的氣味世界。

一滴香水裡，承載了整個二十世紀的歷史。一九二一年春天，當嘉柏麗．可可．香奈兒在蔚藍海岸旁的世界香水之都格拉斯與調香師歐內斯特．博會面，挑選他所調製的香水時，並不知道這款後來以「香奈兒五號」之名譽滿全球的香水配方，也存在世界上的另一個角落：莫斯科。[24]

「香奈兒五號」與「紅色莫斯科」，存在於兩個不同的世界裡，前者宣告了「美好年代」（belle époque）的結束，後者則代表著香水界的無產階級革命。而兩者共同的起源，則是為了慶祝一個帝國的生日而誕生，儘管這個帝國正面臨著滅亡的命運。關於「香奈兒五號」的發展，我們知道許多，但對「紅色莫斯科」所代表的意義，我們了解甚微。「香奈兒五號」香水瓶是紐約現代藝術博物館（Museum of Modern Art）的收藏品；「紅色莫斯科」香水瓶卻要到蘇聯晚期甚至是解體之後，才出現在跳蚤市場及古董店，成為收藏家競相追逐的目標。[25]瑪麗蓮夢露的性感表白：「我只穿香奈兒五號睡覺」，不只是膾炙人口的廣告標語，更演變成人們共同的文化記憶。

曾任法國文化部長的知名作家安德烈．馬爾羅（André Malraux）認為，二十世紀形塑法國形象最主要的三個人，便是畢卡索、香奈兒與戴高樂。劇作家蕭伯納則認為可可．香奈兒及居里夫人是二十世紀最重要的女人。[26]

相對的，我們對波林娜・熱姆丘任娜幾乎一無所知，除了她丈夫是維亞切斯拉夫・莫洛托夫，一個讓人聯想起一九三九年八月二十三日德蘇互不侵犯條約的名字，還有所謂的「莫洛托夫的雞尾酒」，這個汽油彈雖以他命名，但他卻不是創造者。[27]香奈兒與波林娜有著截然不同的歷史境遇，但其實卻相互關聯。在這個歷史上少見如此明確分裂的時代，也就是霍布斯邦所謂的「極端的年代」，以及這導致世界長期分裂的狀態，兩人的關聯可以讓我們理解整個時代的內在脈絡。當我們講述兩邊的歷史時，通常是兩個平行發展的歷史敘述。身處這兩個歷史場域的人物，彼此都不怎麼認識對方，甚或根本未留意到對方的存在。因此，兩者的故事與相關性是值得爬梳的，就算這樣的世界秩序在二十一世紀顯得陳腐不堪且危危欲墜，而且也不是強調香氣、氣味及奢侈品的好時機。[28]不過，只有在世界分裂成兩大陣營的時代結束後，我們才有可能講述香氣的歷史。即便我們不會因此獲知這個時代的關鍵，但至少我們可以更精確地理解二十世紀所發生的事情。或許可以這麼說：一滴水珠可以反映出整個世界，一滴香水也是，更何況它還散發出為那個世紀特別調製而成的香氣。

想支持甚或賦予歷史學家研究氣味及香氣的正當性，並不需要提出所謂的「嗅覺轉向」。阿蘭・柯爾本（Alain Corbin）劃時代的巨作《惡臭與芬芳》（*Le Miasme et la*

Jonquille）從氣味的角度看待世界，並將氣味的歷史視為生活世界（Lebenswelt）之歷史理解中的一部分，並賦予嗅覺在歷史書寫上的權利。徐四金小說《香水》（*Das Parfum*）不只是一本充滿巧思的偵探小說，還使人們重新意識到嗅覺的重要性，並喚起人們開始注意調香原料、香水製造及其影響等等歷史。[29]從此人們知道，對歷史世界的認知，不該只侷限於目光所見與耳中所聞這種「視聽優先」觀念，其他感官知覺像嗅覺、觸覺或味覺也必須考慮進去。[30]不過，儘管徐四金及阿蘭·柯爾本的著作早在一九八〇年代就已出版，但嗅覺在歷史書寫上仍然沒什麼影響力，就感官等級來說仍處下位，仍然代表著非意識、無意識、非理性、無理性、不受控制、原始，以及危險。早在啟蒙運動時期，便將嗅覺排除在外，就像英國史學家羅伊·波特（Roy Porter）所說：「今日歷史顯然已先除臭」，視覺被認為是「最理性的感官」。「雖然在自然科學界，嗅覺已變得『無關緊要』，但在人文社科領域裡，在開拓一片尚須解釋的新研究領域上，它才剛顯露出潛力。不管怎麼說，它在靈感啟發上已展現出無比的實力。」換句話說，在歷史書寫上，嗅覺仍有極大的發展空間。[31]

西方思想界長久以來一直忽略嗅覺，但對「理性」知覺定於一尊的反抗也不時出現。黑格爾就曾對「純粹識見」（reine Einsicht）廣泛流傳的現象感到無力，他形容這種流傳

「就像某種香氣在毫無屏蔽的大氣中四處擴散」：「所以純粹識見的傳述是一種默默無聲的擴張，或者可以比擬成香氣在毫無障礙的大氣中四處擴散。那是一種穿透式的傳染，因它對那個即將滲透並融合於其中的無差異元素（das gleichgültige Element），並未顯現出任何對立面，因此也無從防堵。」[32]

康德在《實用人類學》（*Anthropologie in pragmatischer Hinsicht*）裡將嗅覺歸類成「最不必要」的感官知覺，並認為惡臭是為了突顯香氣而存在的背景，也是嗅覺這個感官知覺存在的唯一意義：「哪種感官知覺是最不值得，且看起來是最不必要的呢？非嗅覺莫屬。人們並不值得為了享受去訓練，甚或提昇它的敏感度，因為比起它所能帶來的愉悅，存在更多令人作嘔的氣味（特別是在人口稠密之處），更何況這個感官帶來的享受既膚淺又短暫。不過，用來當作舒適的反面條件，這種感官知覺也不是那麼不重要，例如避免吸入有害的空氣（爐灶煙霧、爛泥巴及腐肉），或者避免將腐爛之物當成食物。」[33]與之相反的，尼采卻宣稱：「我的天賦就在鼻孔裡」[34]，並且還說：「告訴我，我的動物哪：說到這些高等人——他們是不是不太好聞？啊，我身邊的空氣是多麼潔淨！現在我才知道且真真感受到，我有多愛你們，我的動物。」[35]俄國調香師康斯坦丁・威瑞吉（Constantin Weriguine）曾提過，叔本華（Arthur Schopenhauer）認為嗅覺是「記性及記憶最基本的感官知覺，沒有什麼比得上嗅覺，能如此直接且準確地喚起那些與氣味有關，早已逝去事物的印象」。[36]二十世紀最犀利的觀察家喬治．歐威爾（George Orwell）則指出，階級差異最深層的原因就是氣味：「下等人有臭味……再沒有比感官知覺更能引起一個人的好惡之感了。」[37]

我們不只靠眼睛感知，我們的感知也不只是由圖像組成，我們的記憶也不只是依附在描述式或象徵式的圖案上。就像「時代的噪音」，每個時代都有自己的聲音，每個時代也都有自己的氣味世界。所有在柏林圍牆陰影下長大，且在東西柏林之間的腓特烈大街，或在捷克語稱為切布（Cheb）、德文稱作艾格（Eger）邊境城市裡，經歷過境時種種「通關儀式」（rites de passage）的一代，可能永遠都會記得這些地理上的邊界同樣也是嗅覺上的邊界。在這個不斷除臭的世界裡，就算經過長時間的開釋或保持距離，我們仍然無法將那些使我們產生負面情緒的氣味完全隔離。我們不僅用眼睛，也用鼻子感知這個世界，四季的遞嬗不只是明光與暗影之間的差別變化，也是氣味的變化：下雪前空氣的味道，春風的清新，籠罩整片田野或城市之上的夏日炎炎的氣息，以及秋天成堆落葉的糜腐之味。生活裡的每一天，我們都在各種氣味空間中穿梭：外帶紙杯中冉冉飄出的咖啡香，小吃店裡炸雞炸薯條的油煙味，還有每當我們站在往下的地鐵手扶梯時，撲鼻而來總是一股讓人不禁聯想起機器的油漬或焦油味。在擁擠的公車裡，肉體散發出來的氣味，比起人們日日塗抹在身上的體香劑還要強烈。我們在加油站吸進刺鼻的汽油味，以及百貨公司及超級市場裡最最尋常不過的日常氣味，那是各式各樣商品散發出來混成一團、難以描述的氣味。

在我們設法保持空氣清新的活動空間中，日常氣味只要受到一點小干擾，像是未收走的垃圾，就會造成我們的不安與不適。我們必須打起精神，才能忍受惡臭。我們不僅忍受「親密暴政」（tyrannies of intimacy），也忍受因親密所創造出來之氣味世界的暴政。我們不想受到它們的干擾，抑制惡臭的擴散程度是文明進步的衡量指標。而什麼聞起來芬芳，什麼會令人作嘔，可說是黑格爾及馬克思所描述的主僕關係（Herr-Knecht）中的一個面向，也是中心與邊緣，上與下之間的抗爭，也是狹小空間中人與人之間的抗爭，更是西方與歐洲之外的世界之間的抗爭。像毛姆（Somerset Maugham）就認為，在衡量文明發展程度時，抽水馬桶的普及會比議會制度的建立還要精準。[38]工業時代進步的氣味是大大小小煙囪所冒出的黑煙，到了後工業時代則變成無臭無味的數位經濟，就連餐廳都成了禁菸地帶，以確保人們能享受美食。

在煽動的政治語言中，舊制度（Ancien Régime）已落入「歷史糞坑」*的下場，新

* 譯註：語出托洛斯基（Leon Trotsky），原是對無政府主義者的批判。

時代因此有如天堂一般，天堂般的香氣自然也屬於新時代。文學裡也充滿了各種氣味：有花香，有「祖國的煙」（伊凡・屠格涅夫，Ivan Turgenev），也有蘇聯「白海運河」（Belomorkanal / Беломорканал）牌捲菸嗆鼻的氣味。而二十世紀的大災難不只表現在如末日般的景觀，還有毒氣室裡的毒氣，焚化爐上的煙所散發的惡臭，以及集中營裡活生生人體漸形潰爛的氣味。氣味及香氣自有其製造日期，並且有各自的保存期限。在秩序崩壞及意識形態破產之後，氣味仍會繼續存在一段時間，反之亦然。

香氣的週期循環自有其時，與選舉週期不僅毫不相符，甚至可以熬過革命繼續存在下去。而「五湖四海的氣味」作為香菸廣告詞所描繪的視野想像，曾經是由泛美航空（Pan Am）所開創出來的。標誌出世代差異的品味轉變，也可從香水品牌中一窺究竟。戰爭不僅製造戰鬥聲響，也會產生硝煙、焚燒、及屍體腐爛的氣味。而伴隨閃電及雷聲隆隆的雷雨而來的，則是清新潔淨的空氣。在我們簡單陳述一些現世或過去的瑣碎小事時，不可能完全避開時間地點不提，也不可能絕口不提味道及氣味。在眼睛耳朵及觸覺、嗅覺與味覺之間，毋須爭辯哪種感官知覺最為重要。深深印在我們記憶中的，不只有圖像，還有氣味。常常只要一縷氣味，就足以喚醒深藏於腦袋中的某個場景：可能是剛打過蠟的木頭地板，或學校樓梯間，也可能是文具店的氣味，或是中學體育館，還是彌撒時香爐冉冉上升的煙香，或車子的汽油味——可能是前東德的衛星（Trabant）轎車，或是西方世界的福特。

時代的氣味會附著在人生的每個階段，重構過去時考慮到這一點是不會錯的。而普魯斯特（Marcel Proust）《追憶似水年華》（*À la recherche du temps perdu*）中，關於瑪德蓮的那一幕，無疑就是這種重構過程的「原始場景」（ur-scene）：一塊浸在茶裡的小蛋糕，才剛入口便引發出一種「令人戰慄的幸福感」。普魯斯特對味覺的描述，同樣也適用在嗅覺上：「混著蛋糕碎屑的茶入口的那一剎那，我不禁打了個寒顫，並被一種奇特的感覺所震懾，一股從未體驗過的幸福感流遍我的全身，毫無憑據，更不知從何而來。」接下來滿滿好幾頁，全是因味覺觸發的種種回憶，最後沒導出什麼邏輯性的結論，只有「幸福的明證」。「引起我靈魂深處湧起一陣波濤的，必定是張圖像，一個屬於這個味道的視覺記憶。現在，這個伴隨著味道的圖像記憶，正試圖朝著我前來，但距離是那麼遙遠，影影綽綽，難以辨識，令我幾乎錯過了那未定形的光暈，裡頭是個無法捉摸的漩渦，混雜著各種顏色，漸次消逝。而我無法分辨出它的形狀，無法請求它這個唯一能為我翻譯的對象，告訴我它那如影隨形的同伴——味道——到底在訴說什麼；我也無法問它，這一切又到底跟過去哪段時間，跟哪件往事有關。」「然而，回憶驟然湧現。」確切的地點、確定的日期，以及確實的場景，全都浮現出來了：「縱使歲月倏忽往事已矣，縱使人亡物逝，但氣味及味道卻是唯一存留下來，儘管單薄柔弱，但反而更為持久，更加抽象，且更穩定與忠實不二，如精神長存，等著被人想起，期待能從斷壁殘垣中所殘留的那一滴幾乎無法觸及的水珠，奮力撐起整座龐大的記憶殿堂。」所有的記憶都回來了，睡蓮，村子裡的人和他們的小屋，教堂，貢布雷（Combray）村的一切及其週遭。「所有漸次成形及穩定下來的圖像，城市及庭園，全都從我那杯茶中裊裊升起。」[39]

若果真是如此，那麼香水的歷史就不只是奢侈品產業的歷史，也不能只是被視為社會真實（social reality）的部分範疇。一滴香水以氣味表達出一個時代；香水瓶則是容器，封存著時代的香氣。對香水瓶的迷戀，就像後蘇聯時代、今日俄羅斯常見的現象，不能只是當成嗜好來解，應當是一種「對逝去時光的追尋」（Recherche du temps perdue，即《追憶似水年華》的法文書名）。或許，後蘇聯時代版的普魯斯特就要出現了。

重現氣味景觀的困難是顯而易見的。眼睛能留住圖像，那些被繪製下來，或記錄下來，以及重製的，皆展現出無限豐富且變化多端的圖像世界。為了耳朵，我們有樂譜，有城市背景聲響的錄音，或群眾遊行時的鳴笛，訪談時的說話聲，或者各種典禮的發言。所有聲音及各種雜音的景觀都可被記錄下來，可被檢索、讀取或是重製——不管是鐘聲或喇叭，樂器也可以完整仿製。可是氣味呢？就算在這麼一個化學分析昌明的年代，氣味如何可能成為史料？如何成為一種可靠的「各主體間皆可驗證」（intersubjectively verifiable）甚或「客觀」的資料來源？物質皆有氣味，繁花各有馨香，在化學昌明的時代，香氣可以合成並隨意複製，但卻無法持久。香氣沒有能永久保存及無限提取的檔案室。香氣隨風飄逝，只能書寫描述，然則語彙再如何豐富多樣，描述起香氣來也無法企及嗅覺感知氣味時的各種細膩差異變化，更別提受過訓練的專家，那些試圖在調香風琴（perfume organ）及香調上，為香氣的「音域」、細緻差異、情調及氛圍定位，為客觀化並使其變得「可閱讀」而做的種種努力。這一切對外行人而言，至多不過是想像真實氣味時的一種輔助工具而已。

可能也是因為這樣，所以我們在書寫香水歷史時，會特別留意它的容器，也就是香水瓶。在精油及香精最後殘留下來的那一縷氣味都消失後，只有香水瓶仍然存在。它有著與香氣成分彼此呼應的形狀，可以說是香氣的同義複詞，容器因此成為一種符號。只要是能找到香水瓶的地方，就可以發現香水考古學家的身影，像是在各種舊貨市場，在無數的懷舊社群網頁，以及ebay網拍目錄裡。許多城市也設立了香水博物館，例如巴黎、凡爾賽、格拉斯、巴塞隆納、科隆、聖彼得堡和莫斯科都有。在收藏家細心搜索閣樓每一角落，尋找祖母在艱困的生活狀態下，仍然小心收藏，保存著珍貴異香的瓶瓶罐罐，這些過往時代殘留遺物的發現，也使得物質材料愈來愈豐富。在將氣味世界博物館化及檔案化的各種行動中，有個氣味博物館應該是最獨樹一格的：那裡擺滿了容器，裡頭裝著東德國安局從異議人士身上所蒐集到的氣味樣本，以便用來訓練獵犬追蹤目標。

讀者手上的這本書，是一位歷史學家的研究結果，一位知道自身侷限，從未進過香水實驗室，也未曾受過調香師訓練的歷史學家。不過，他知道，除了「時代的噪音」（語出俄國詩人奧西普．曼德爾施塔姆〔Osip Mandelstam〕）外，還有「時代的氣味」，我們不僅穿梭在「聲音地景」（soundscape）裡，也在「氣味地景」（scentscape）之中活動。若我們真想告別二十世紀，所有的感官知覺都應該一併處理。我們可以追溯「香奈兒五號」及「紅色莫斯科」的發展蹤跡，回到兩者共同的源頭，回到它們的前身，去尋找真正創造出兩者的人，而這些資訊，通常不會寫在瓶身標籤上。隨著時間順序，我們看歷史如何各自分頭發展，並可以觀察到，這樣的歷史不僅僅只是關係到裝著珍貴香精的小瓶子而已，而是牽涉到一整個濃縮於其中的世界。而二十世紀的歷史發展，顯現在它們創造者的命運上，竟是如此不對等且不公平。

在「帝國主義鎖鍊最薄弱的環節斷開」後（列寧語）

香味世界與嗅覺革命

各種氣味世界也因此彼此陷入鬥爭。
在舊世界瓦解及新世界興起之間的過渡時期，
不同的氣味領域彼此交織重疊。

在今日被我們稱作「第一次全球化」*的時代中，歐內斯特．博與奧古斯特．米歇爾這兩位調香師在職業生涯上的發展並非個案。從位在蔚藍海岸旁的公司轉到聖彼得堡或莫斯科，在沙皇帝國工業化中心新建立的工廠，以及在帝國內迅速發展的城市中所形成的外國人社群，這些全都不是罕見的特例，而且同樣出現在由東至西的發展方向中。隨著「北方特快車」（Nord Express）鐵路線的開拓，人們在巴黎與聖彼得堡之間的往返已非罕見之事。俄羅斯的奶油送至西歐，新鮮草莓或花卉則從蔚藍海岸運至北方，供應宮廷所需。

博與米歇爾的人生軌跡可說是動盪世界的徵兆。是香水瓶收藏家，同時也是重新發現俄國香水歷史的專家，維克多．羅伯科維茨（Viktor Lobkovič），便曾經宣稱「一八二一年至一九二一年間，是俄羅斯香水及化妝品的黃金時代」。[40]不少跡象顯示，一次大戰前的俄國不僅在文化方面躋身世界強國之列，在香水及化妝品製造上也不遑多讓。為什麼會出現這種狀況？首先，俄羅斯貴族的財富全部集中在兩大首都，與帝國內落伍貧窮的普遍狀況有著難以跨越的鴻溝；再者，一八六〇年代開始的重大改革帶來經濟繁榮，短短幾十年的時間便成了工業強國，連托洛斯基和列寧之流都不禁要讚嘆起布爾喬亞（Bourgeoisie）的革命力量。儘管布爾喬亞這個階級仍屬小眾，但至少形成一個相對富裕的資產階級，從前只有少數貴族能負擔的奢侈品，資產階級也有能力購買了。[41]在這個全世界面積最大的國家——除去大英帝國及法國殖民帝國不計，出現了一個巨大的貿易市場：範圍從現位於波蘭的羅茲（Łódź）到海參崴，從赫爾辛基（Helsinki）到塔什干（Tashkent），甚至遠至中國、日本及波斯。

所有的一切都反映在香水瓶與標籤設計，以及香水肥皂的命名上，並成為商標，在整個帝國通行。在廣告海報上，香水及化妝品工業既宣傳他們的產品，亦創造出一個對高級消費品共同想像的空間。這個空間也在一般民眾間逐漸擴大，他們對肥皂、脂粉及古龍水（Eau de colognes）等日常生活用品特別感興趣。從羅伯科維茨、科扎寧諾夫（Venjamin Kožarinov）及多爾戈帕洛娃等收藏家出版的圖錄中可以看出，時人對當時設計師豐富的美感、多彩的顏色及充沛的想像力有多著迷，而這些設計師也顯現出自己是「白銀時代」美學革命（Silver Age）推手的姿態。[42]米哈伊爾・弗魯貝爾（Mikhail Vrubel）、伊萬・比里賓（Ivan Bilibin）及康斯坦丁・索莫夫（Konstantin Somov）等俄羅斯新藝術大師的藝術作品，從沙龍及畫廊出走，進入新建的百貨公司、旅館及時裝精品店中。[43]

在氣味及香水市場上，俄羅斯並不是一張完全空白的白紙，任由法國調香師用帶來的

---

* 編按：指十九世紀末至二十世紀初。

國營托拉斯「特哲」的廣告海報，1925至1926年間

香水各自揮灑。就像其他國家一樣，俄羅斯也有自己獨特的氣味及香水文化，受自然條件、在地動植物與特殊氣候型態影響而產生，像是漫長的冬日、初春的暴雨、充滿樹脂香味的森林或是黑海沿岸的亞熱帶花園。這裡一直都有自己的香氣傳統，像是修道院、庭院裡的藥草或經由絲路進口的香料，還有別忘了東正教做禮拜時，繚繞上升至教堂大圓頂的燃香中的乳香與沒藥。[44]沙皇帝國時期香水化妝品工業的先驅中，也有俄羅斯人自創的公司，但隨著十九世紀工業化的興起以及內部市場形成後，出現了新氣象，外來企業開始進駐俄羅斯帝國，建立起香水產業：一九〇〇年世界博覽會在巴黎這個香水聖地舉行，代表俄羅斯香水產業的布羅卡公司及雷萊特公司奪得大獎。類似的例子層出不窮。[45]

大約在一八三二年左右，普魯士出身的卡爾・伊凡諾維奇・費蘭（Karl Ivanovich Ferrein）在莫斯科城中心的尼古拉街上開了一家藥房。一百年後，這家藥房已成了同業中的佼佼者，擁有自己的化學藥物實驗室、化工廠、草藥種植場，以及一間製造藥局專用瓶罐的玻璃工坊。一八九六年，這家藥房在下諾夫哥羅德（Nizhny Novgorod）城舉辦的全俄羅斯工業及藝術大展上奪得金牌。到了一九一四年，這家公司已有雇員超過千人，其中三位是持有專業文憑的藥劑師，受過醫學訓練的員工超過百人。在戰爭爆發前夕，這個藥房每天開出約三千份處方箋，在革命之後則變成「藥房管理行政中心」辦公室。[46]

柯勒公司的廣告海報

一八六二年，羅曼・羅曼諾維奇・柯勒（Roman Romanovich Köhler，此姓氏俄文拼作Keler）建立一家化學製藥廠。不久，他又設立了好幾個精油製造廠，昂貴的精油因此價格下跌。這些工廠也替俄羅斯紡織工業生產重要的原料單寧，使其能在國內市場上與國外競爭者抗衡。到了一九〇〇年左右，莫斯科的柯勒公司又成立了一家工廠，為藥房、蛋糕甜點店以及香水業者製造玻璃製品。在莫斯科近郊也有工廠生產酸、精油、香皂以及藥用和清潔用皂。此外，從帝國中心區域到遠東地區的所有大城市，都有這個公司的銷售分店。美輪美奐的海報，為「R．柯勒公司」生產的淡香水作宣傳。生意不僅遍布整個俄羅斯，還擴展到位於烏茲別克的布哈拉（Buxoro）、希瓦（Xiva）、波斯以及中國。這個公司還推出攜帶式藥箱，專供居家使用或旅行攜帶，以及作為鄉村或火車上的藥房。因此就算在遙遠偏僻的鄉下，都可以看到這個公司的產品。

一八四三年，法國人阿爾豐斯．安東諾維奇．雷萊特（Alphonse Antonovich Rallet）在莫斯科創立第一家香水製造廠，計有員工四十人及一架蒸汽機。雷萊特從法國進口原料並聘請外籍專家，且開始在俄羅斯栽培香水製造所需的香草植物，這對俄羅斯來說是件創舉。雷萊特的產品不僅外銷至法國、德國、土耳其及巴爾幹半島地區，也成了全羅斯皇帝陛下、羅馬尼亞國王、波斯國王及蒙特內哥羅大公的御用商家，並在葉卡捷琳堡（Yekaterinburg）、塔什干、提比里斯（Tbilisi）、哈爾基夫（Kharkiv）、伊爾庫次克（Irkutsk）、維爾紐斯（Vilnius）等地都設有分店。一八九九年，雷萊特又在莫斯科布堤爾卡區（Butyrka）設立一家符合最新科技標準的工廠。很快地，這家工廠便在所有重要工業展覽中拔得頭籌，獲獎無數。俄國革命後，雷萊特公司被收歸公有，變成「第四號國營肥皂工廠」，停止生產香水。一九二二年改名為「斯沃波達（Swoboda）國營肥皂化妝工廠」。[47]一八八一年出生於莫斯科的歐內斯特・博，在一九〇二年於法國受完訓練回到莫斯科後，便是在這家公司的調香大師樂梅西埃的指導下，開始他的職業生涯，並在一九一二年調製出「拿破崙的花束」。

不過，俄羅斯香水工業中最具代表的，莫過於根里克・亞凡納西維奇・布羅卡（Genrikh Afanasyevich Brokar）所設立的香水廠了。布羅卡出身法國香水世家，在家鄉，他的父親也擁有一家香水製造廠，但為了在美國費城建立新廠而不得不放棄舊廠。費城新廠設立後，他的父親便命兒子管理，自己又回到巴黎。一八六一年，根里克・布羅卡聽從父親的建議遠赴俄羅斯，先在一家香水廠的實驗室工作。之後獨立創業，並在一八六四年設立公司。一開始公司設在一間從前的馬廄裡，只有簡單的機械設備，但他製造的肥皂，如兒童專用皂、蜂蜜香皂、琥珀香皂等等，銷售狀況極佳。熱銷原因之一是每個兒童專用皂上都印上一個俄文字母，在產品「人民香脂」的標籤上甚至印有伊凡・克雷洛夫（Ivan Krylov）的短篇童話。透過這種行銷方式，布羅卡讓較為貧窮的平民階層有機會使用肥皂：最便宜的「人民肥皂」（Narodnoe）售價只要一戈比，而且還能順便學認字母。而布羅卡的創舉不僅如此，他還推出俄羅斯第一款透明甘油皂、外型如小黃瓜般的肥皂，以及一款給一般大眾的平價淡香水。之後布羅卡開設裝潢華麗的精品店，最大的分店位在紅場旁剛興建的拱廊商店街（也就是後來的古姆百貨商場GUM），並擴大產品種類且調製新香水。負責經營精品店的是根里克．布羅卡的比利時籍妻子夏洛特，能說流利的俄文，使她成為莫斯科社交圈的焦點人物。這位事業有成的商人，同時活躍於藝術收藏及贊助活動，且有私人展覽廳，展示繪畫、瓷器、名貴的戈布蘭掛毯（Gobelin）及珍貴的傢俱。展覽廳開幕時，全莫斯科的社交名流皆出席這場盛宴。一九〇〇年根里克．布羅卡去世時，他的產品已是巴黎、布魯塞爾、芝加哥和巴塞隆納舉辦的世界展覽會中頭獎常勝軍。在布羅卡公司成立五十週年時，還出版了一本設計豪華、印刷精美的紀念冊，為才剛調製出「凱薩琳大帝心愛的花束」慶祝羅曼諾夫王朝三百週年的「布羅卡王朝」留下明證。俄國革命後，布羅卡公司被收歸國有，並改制成為「新黎明」，成為蘇聯時代香水及化妝工業的核心工廠。而「紅色莫斯科」，將會是他們最富盛名的產品。[48]此外，俄羅斯第一家巧克力製造商，同時也製造香水的阿道夫．秀（Adolphe Siou），也有類似的發展。擁有先進設備的工廠在革命後改名為「布爾什維克」（Bolsheviks），到蘇聯解體前是全蘇聯規模最大也最重要的糖果點心製造廠。一九一三年大戰前夕，莫斯科共計有十八家香水製造廠，以及六十三家香水專賣店。[49]

在沙皇時期香水工業的蓬勃發展中，也有俄籍調香師的貢獻。例如亞歷山大．米特羅法諾維奇・奧斯特魯莫夫（Alexander Mitrofanovich Ostroumov）不僅調製出一種去頭皮屑的肥皂，大受市場好評，還配製出一款可治皮疹及雀斑，名為「蛻變」（Metamorphosa）的軟膏。他是俄羅斯美容學的創始人，有自己的實驗室，且分店遍布於聖彼得堡、奧德薩（Odessa）、塔什干及華沙（Warszawa）各大城市。除此之外，他在廣告方式上也開闢了一條新路徑，即是在海報上繪製著名女星及芭蕾女伶的肖像，透過圖像的魅惑，增強香水的吸引力。另一家受到國際肯定的香水製造廠是「捷珀列夫斯基父子香水合作社」（S. I. Chepelevetsky and Sons perfume co-operative），他們生產的香水在米蘭、巴黎、馬德里及海牙展覽會上皆有獲獎。[50]

在這段時間，廣告及包裝也開始有了新的意義，香水瓶的設計，必須凸顯出香味的珍貴及異國風情。包裝再也不是微不足道的小事，而是攫獲消費者注意力的要角。在「白銀時代」著名的畫家與設計師的薰陶下，廣告更是被視為一種藝術。這是新藝術風起雲湧的年代，而在一九〇〇年左右，化妝及香水工業製品，成為了公眾及私人空間中重要的新藝術展現形式之一。這個產業，不僅將新時代的香氣，也將新時代的品味帶到他們最偏遠的銷售分店所在之地。概觀所有香水瓶、盒子、包裝、套裝禮品，可以看出俄羅斯帝國的偏好與品味走向，這在一九一七年後仍然繼續鮮活地存在。對那一世代的人們而言，「卡門」、「親親寶貝的花束」、「尊榮」、「花之精華」或「初吻」等等香水名字，仍然深印在腦海之中。之後由「新黎明」工廠所生產的香水，仍以具傳奇色彩的商品及公司名稱招徠顧客，標籤上甚至印有「前布羅卡」或「前雷萊特」的字樣。香水瓶則是水晶雕刻出來的迷你藝術品，配上設計精美的瓶蓋，瓶身貼著鑲金框的標籤，通常繪有雙頭鷹的標誌，代表御用皇商的身分；商品名則是「鈴蘭精華」、「美味洛可可」、「血石白」、「拿破崙花束」，而拿破崙的額頭上當然會有一撮頭髮垂落下來。金屬材質的粉餅盒，襯著絲綢的包裝盒，名字則是「白麝香」、「鵝毛」或「匈牙利香脂」。但在一九一七年之後，名叫「十月」的香皂問世，是由五號工廠生產，商標除了鎚子及鐮刀之外，還有一位穿著工作圍裙的工人，正徒手搏殺名為「資本家的剝削」這條惡龍。

一九一七年布羅卡公司收歸國有後商品「十月」香皂的標籤

廣告海報、香水瓶等各式瓶瓶罐

罐，還有工業展覽會上頒發的獎項，以及標示分店所在地區，這一切融合出一幅帝國香水的圖像，並同時提供了第一次全球化時代下，香水帝國的地形測繪圖。[51]

關於這個香水帝國，之前已經有位調香師勘查測繪過了。身為調香師，他帶著訓練有素且靈敏無誤的嗅覺，再一次進入這個早已崩解的帝國世界。這位用鼻子測繪沙皇帝國世界的人，名叫康斯坦丁·米凱羅夫維奇·威瑞吉（Konstantin Mikhailovich Verigin, 1899–1982）。一九六〇年，他在巴黎以「香氣」為題寫下身為調香師的回憶錄《紀念品與香水》一書（*Souvenirs et parfums*），一九六五年在巴黎出版。[52]

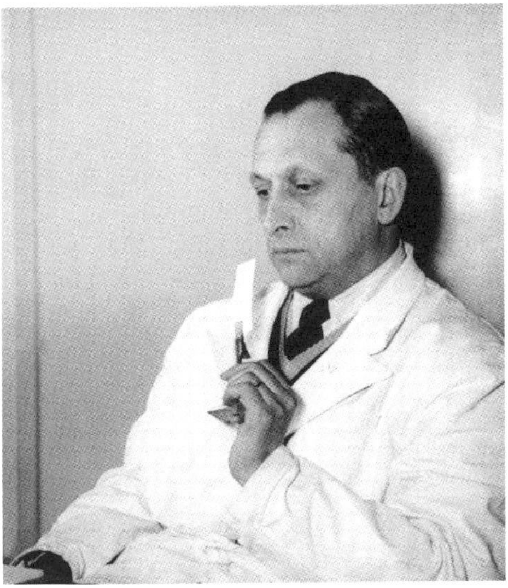

康斯坦丁·威瑞吉，攝於1940年

調香師到底是個怎樣的職業？對於這個高度專業化的職業，蘇聯時期著名調香師雅拉·貝佛（Alla Belfer）是這樣描述的：

> 調香師不僅要知道各種氣味，還要

懂得如何為一種氣味找到其他匹配的氣味，也要知道它會在皮膚上殘留什麼樣的味道，以及混在肥皂、乳液或其他化妝品中表現如何……調香師工作久了之後，很容易就能寫出一份香水配方，而且他能感受到那種氣味！他們具有一種獨特的內在嗅覺，但必須在具有大量的工作經驗後，才可能達到完美的境界……就像音樂家譜曲一樣，在紙上寫下音符時，音樂已在腦袋裡響起。師傅曾經指導過我們，如何將兩種、三種及四種氣味如和弦般組合起來，並記下這些氣味在不同的組合當中所散發出來的香味。要學會這個得花非常多年的時間，從訓練學院結業後，還需要十年時間鑽研各種氣味的調配，才可能勝任調香師這個職業。[53]

在米哈伊爾．洛斯庫托夫（Mikhail Loskutov）一篇記述奧古斯特．米歇爾的專文裡，也出現類似的說法：「米歇爾大師說，一瓶香水就像合唱團或管弦樂團，發出溫柔聲音的是大提琴及小提琴，然後還有低音提琴，那代表強烈的氣味。個別來看，這種扮演低音提琴角色的強烈氣味其實難以消受，但當它們全部混合在一起時，人們只會聽到和諧的整體聲音，不會特別感受到個別的聲音。那（個別的聲音）也不是重點。」接著洛斯庫托夫引述米歇爾的話：「呵，我非常清楚，調製香水不是把一堆芳香怡人的液體通通倒進燒杯而已。我們還需要一些中性甚至不怎麼好聞的氣味，作為必要的定香劑（Fiksator / Фиксатор / Fixative）。不同的香水配方不僅要有不同的劑量、物質原料，還會有不同的製造條件……除了植物學、化學及香水知識之外，還必須擁有調香師這種尊貴職業多年經驗才行。」香水的調配並非偶然，需要時間醞釀。據說，香水露莎卡（Rusalka）的創造者亞力克榭・波古德金便經常聆聽德弗札克的歌劇《露莎卡》。[54]

在威瑞吉所寫的書中，一開始最先處理的重點，就是測繪出一幅革命前俄國的氣味地景。不過，起初他也只是證實嗅覺對記憶與回憶來說，是最強烈的感官知覺，而且是一種可以擺脫畫面及聲音的回憶空間。關於這一點，威瑞吉特別引用了叔本華的說法加以佐證。威瑞吉在四十多年後回憶起他童年與青少年時期的經歷：他在一八九九年出生於聖彼得堡一個富有的貴族家庭，最早生活在克里米亞（Crimea）的雅爾達（Yalta），接著於家族各處產業中四處遷徙：中央俄羅斯的奧廖爾省（Oryol）、巴什科爾托斯坦省（Bashkortostan）的烏法（Ufa）、以及窩瓦河（Volga）畔的辛比爾斯克（Simbirsk），以及聖彼得堡。一次大戰時威瑞吉徵召入伍，且在革命爆發後加入白軍*，敗給紅軍後

＊ 編按：為一九一八年至一九二〇年間，由支持沙皇、反布爾什維克、反共產主義勢力所組成，對抗蘇聯紅軍的政治運動及軍隊。

逃至君士坦丁堡，再經塞爾維亞潘切沃（Pan evo）抵達法國，進入里爾（Lille）大學主修化學，畢業後便進入香水廠工作。一九二六年，威瑞吉透過舊時貴族家庭的人際關係網，認識了歐內斯特．博，再透過他的引介為妙巴黎（Bourjois）及香奈兒工作。威瑞吉非常敬佩——甚至可說是崇拜——歐內斯特．博，兩人也一直保持密切關係，直到博在一九六一年三月八日去世為止，共維持了三十多年。威瑞吉筆下的「一個調香師的回憶錄」，絕大多數的篇幅都是向他所崇拜的前輩致敬。而博一系列知名的香水創作，威瑞吉也多有參與，例如一九二六年的「暮色香都」（Soir de Paris）、一九二九年的「島嶼森林」（Bois des îles），以及一九三五年的「俄羅斯皮革」（Cuir de Russie）等等。二次大戰期間，威瑞吉被分派至慕尼黑的化學工廠強迫勞役，戰爭結束後又回到巴黎，重新進入香奈兒工作。[55]

在威瑞吉回憶錄的第二部分，詳細介紹了完整且複雜的香水製造過程：從調製與發明必須嚴格保密的配方開始，還有各種萃取方式，以及原料採購、設計、廣告、行銷等種種細節，其中也包含了對歐內斯特．博的個性及成就等等詳細描述。但在此之前，也就是回憶錄的第一部分，也是最重要的部分，則是測繪出一幅帝俄時期香水世界的地圖，這個世界，是在威瑞吉參與內戰失敗後，被迫永遠離開的世界。就像是普魯斯特筆下的「追憶似水年華」一樣，只不過威瑞吉的「追憶」，是用化學家及調香師的語言寫成。同時，我們也可將這一部分視作一種練習，系統性地穿越了作者的童年與青少年時期在俄國經歷的整個氣味地景。但其實這不僅是練習，而是一種相當有系統的書寫，是一個受過感官專業訓練的人，重新漫遊、探索及思念逝去的世界。

這本書的每一個段落開頭，都會引用一些描述嗅覺或記憶中氣味與香味的詩句。從阿法納西・費特（Afanasy Fet）到尼古拉・古米廖夫（Nikolai Gumilev），從亞歷山大・普希金（Alexander Pushkin）到伊凡・蒲寧（Ivan Bunin）。這些作家在漢斯・J・林德利斯巴赫（Hans J. Rindisbacher）的《氣味之書》（*The Smell of Books*）中，全都提供了嗅覺經驗的證詞，證明嗅覺是一種強而有力的感官知覺。[56]威瑞吉再一次回想起曾親身體驗過的所有自然景色及氣候，從克里米亞到奧廖爾州（Oryol Oblast）。再一次細想過去生命的每個階段：有套間結構的大屋、農莊以及城市。童年所處的各種空間歷歷在目：清晨的咖啡香，床前的狼皮，高級雪茄的氣味，還有閒置了整個冬天的家具重新使用時發出的味道，以及伴隨各種雜音而出現的香味。在蕾亞（Lelja）姑姑的閨房裡，作者受到香水的啟發，很早就決定了他未來職業的取向。還有文具店，瀰漫著雪松木鉛筆的氣味、廉價墨水的化學味、鋼筆的金屬味、書包及繫夾克用腰帶的皮件味。所有人生中具有重大意義的第一印象，皆與氣味有關：「許多第一印象、初見的好感及最初的友誼，後來都證實對人生具有重大意義。」[57]每段時間及每個地方都有特殊的氣味：開學時教室走廊的氣味，夏天各種菇類的氣味；無論是聖誕節或復活節慶，甚或大齋期，在記憶中都分別與各自的氣味相連結。俄羅斯帝國的地理景觀，也轉化成一幅幅氣味地景：雅爾達的海濱大道與海灘，奧廖爾州一望無際的田野，俄羅斯雪地清新凜冽的空氣。在這裡，威瑞吉引用俄裔詩人唐—亞民納多（Don-Aminado）的詩句：「世上只有一種氣味／世上只有一種幸福／那是俄羅斯冬日的正午時分／那是雪的俄羅斯氣味。」[58]

康斯坦丁・威瑞吉「用鼻子」走遍「家」這個小世界：父親的工作室、餐廳、母親的房間，甚至連鄰居都按照「聞起來的味道」加以分辨描述。所有味道都依循著某種秩序，如插在花瓶中的花束裡，徐徐散放著不同香味的鮮花：紫羅蘭／香堇、薰衣草、風信子、丁香、玫瑰、紫藤（Wisteria）、木蘭、金合歡（Acacia）、茉莉、康乃馨、木犀草（Reseda），以及別稱香水草的天芥菜（Heliotrope）。出現在眼前梳妝檯上的瓶瓶罐罐，以及有著銀鎖的水晶小盒，全是嚴格禁止小孩碰觸的東西：這些精緻的珍稀之物，母親總會將它們灑在皮草及衣服，或者輕拍在頸間，然後才會戴上那頂有著白色鴕鳥羽毛的大帽子，與孩子親吻告別。[59]更有甚者，作者竟能回想起當時富裕人家常用的品牌：薇拉紫羅蘭（Vera Violetta）、香邂格蕾（Roger & Gallet）、鈴心草（Coeur de Jeannette）、法蘭西玫瑰（Rose de France）、霍比格恩特的「花」（Quelques Fleurs）、「奧勒岡」（L'Origan）、寇蒂的「賈克米諾玫瑰」（La Rose Jacqueminot）與「科西嘉茉莉」（Jasmin de Corse），還有嬌蘭的「和平路」（Rue de la Paix），以及一些他想不起名字的英國品牌。這裡列舉出來的香水代表著一整個文化的香氣，而這個文化是一個美好世界的文化，特別是從失落者的角度來看。

而在這一個美好的世界裡，就像一篇俄羅斯書評所提出的批評，不會出現石炭酸及煤油的臭味，也沒有刺鼻的馬霍卡菸草（Махорка），更不會出現嘔吐穢物及血漬。那個世界不會出現惡臭——那些從極度撕裂、且不公的世界底層深處升起的惡臭。當大部分的俄羅斯人都以鹹到發苦的食物填飽肚子時，威瑞吉在回憶錄中，卻是陶醉在聖彼得堡豪宅裡橡木地板的氣味、奧廖爾莊園裡如天堂般遍地丁香的花香，並因此再次沉溺於位在雅爾達尼古拉耶夫斯克大街十六號豪宅裡的「奢華芬芳的交響曲」。這個世界，是他在一九二〇年十一月二日那一天，不得不拋在身後倉皇出走的世界，在鐘聲及《天佑沙皇》的樂曲聲中，他踏上前往君士坦丁堡的流亡之途。[60] 奧爾嘉・庫絲里娜（Olga Kuslina）在她的俄文書評中指控威瑞吉的「氣味狂熱」與「嗅覺神祕主義」，將他自己出身於俄羅斯貴族所經驗的芬芳氣息，當成整個沙皇帝國氣味世界的代表，並因此忽視那些「飽受壓迫及羞辱之人」所處的惡臭之地，甚至還否定了這些地方的存在。[61]

沒錯！戰爭、革命與內戰也都有它們的嗅覺層面。比較讓人訝異的是，我們竟然經過這麼久的時間才注意到，嗅覺世界這麼一個基本經驗的崩裂。類似的命題，阿蘭·柯爾本以法國舊制度時期氣味世界的崩解為例，早已提出研究典範，如今也終於逐漸運用在俄羅斯的歷史研究上。[62]

德國的俄羅斯歷史學者揚·普蘭佩（Jan Plamper）曾在俄羅斯革命一百週年時，發表過一篇論文，從感官史的角度切入鉅變時代的歷史，為此研究方向開了先鋒。長久以來俄羅斯史的焦點一直放在思想鬥爭、派系傾軋、策略辯論，以及應變行動與衝突的歷史分析研究，如今開始默默地轉向。從約翰·里德（John Reed）關於俄國革命的名著《震撼世界的十天》（*Ten Days that Shook the World*）演變成「感知地景」（sense scape）及「城市感知心靈地形測繪」（sensory-mental topography of the city），並發展出「感知魔宮」（sensory pandemonium）模式。在這個模式中，馬賽曲的旋律及國際歌的歌聲，還有街頭鬥毆的喧鬧聲，以及地方法院失火，成堆的文件檔案燃燒後瀰漫在空氣的氣味，都同樣佔有一席之地。隨著革命「階段」的推進，以及煽動與極端化的程度，時代的變化不僅在聲音上從

《天佑沙皇》過渡成《國際歌》，也同樣能在隨之展開的「嗅覺階級鬥爭」解讀出來。[63]就像在布爾喬亞階級的沙龍聚會中，被視為享受的頂級雪茄氣味，如今卻象徵著一個即將毀滅的世界。隨著柴薪供應鏈的瓦解，以及麵包店不再供應法國麵包，人們的感官知覺，也被迫適應失去生活中原本熟悉的氣味。

在這裡，所謂的階級意識也表現在「嗅覺層面」上。官員、職員，以及社交界的名媛，被迫開始適應一個陌生、且日漸潰散的氣味世界。一夜之間，陌生的聲音及氣味突然大舉入侵他們所熟悉的世界。街道上的電車若仍然行駛，便擠滿了從前線歸來的軍人或逃兵，帶著一股只有在戰場待過，幾個星期沒洗澡的男人才會有的味道。彼得格勒*的涅夫斯基大街（Nevsky Prospekt）以及莫斯科特維爾大街（Tverskaya Ulitsa），從前是擦著香水的小姐與貴婦的世界，現在則瀰漫著廉價手捲菸嗆鼻的味道。戲劇表演再也不是那些熟知中場休息、鼓掌及靜默等規則的權貴階級、知識份子獨有的享受，如今湧進鋪著天鵝絨紅毯及掛著水晶大吊燈大廳的人，之前從未看過任何一齣戲，也不懂得這種場合該如何應

＊ 譯註：即聖彼得堡，一九一四年改名為彼得格勒，一九二四年又改名為列寧格勒，一九九一年再度恢復了舊名。

對進退，只能按照他們平常習慣行事：抽菸，並將瓜子殼吐在大廳光亮潔淨的地磚上。

前線戰場及軍營的氣味，工廠工人的汗味，還有擁擠的火車、電車車廂裡的臭味，如今全侵入原本芬芳無臭的高級文化圈內。這些自成一格的嘈雜與氣味，對出身資產階級與貴族的觀眾而言，是令人不快、毫無教養、噁心、厭惡，甚至野蠻的表現。起初，維護舊制度社會氣味世界之封閉秩序，只是在藩籬上有了裂痕及缺口，但很快地，這個世界便整個瓦解，崩裂成零星孤島、飛地或是列島，成了美好氣味的退隱之地。就在香氣世界受到質疑的那個當下，原本屬於那個世界的群體終於知道，那些曾被視作理所當然的事物，像是沙龍、晚宴、資產階級和貴族的精神世界，以及那個注定毀滅世界的內裝，包括浸染其中的氣味與香味，都將消逝，再也不復存在。社會主義革命的目標，對準了生活最深處的領域，是家，是遮風避雨的庇護之處，那曾是資產階級塑造出來並倘佯其中，如今卻擠進了「新來的人」，像《國際歌》歌詞說的那樣：「把舊世界打個落花流水／奴隸們起來，起來！／不要說我們一無所有／我們要做天下的主人！」

從前資產階級的城市豪宅，整棟樓只住一個家庭及他們的僕傭。但現在八個房間擠進了八個家庭，原來整棟房子可能只住六到八個居民，現在則多達四十個人。這種生活環境的轉變不只是暫時而已，而是持續好幾年，甚至好幾十年，且不只發生在個別家庭，而是延續在好幾個世代的城市居民身上。因為舊秩序的崩解，因為農民湧進城市及工廠，促成公共住宅（kommunalka）*的誕生。被任意指派住在一起生活的居民，彼此完全陌生，也因此被迫建立起緊密的關係。這種共同居住的型態在接下來的幾十年，甚至到蘇聯解體前，一直是幾百萬蘇聯人民日常生活中各種悲喜劇的素材。而這種現象也表現在「嗅覺層面」上，就像許多人曾描寫過的那樣，一點也不難想像。[64]

革命政權不只將「嗅覺革命」視為社會激烈變化下無法避免的副作用，甚至還特意提出新社會中的氣味世界新代碼來聲援變革。新政權、新術語，像美國的蘇聯史專家史蒂芬・考特金（Stephen Kotkin）所稱之「說布爾什維克的話」（Speaking Bolshevik），舉止應對上也要更新，而新人類應該要有新的氣味世界，其中所有精緻化的香氣形式，都被視作軟弱甚至頹廢而遭到唾棄，香水更被認定為布爾喬亞生活形式的代表。從現在開始，受到重視的是工作的嗅覺世界，精確來說，是勞力工作的嗅覺世界，充滿體力勞動、汗水和污垢，對抗懶散、縱容與頹廢的氣味。如今香水就像眼鏡一樣礙眼，馬上就能據此揭穿資

* 譯註：公共住宅是一種多戶人家共用廚房浴室的集體居住型態，在一九二〇年至一九五〇年間是蘇聯官方強制規定人民的主要居住方式。

產階級知識份子的身分。或者就像「白嫩的雙手」，一看就知道是貴族小姐或知識份子的親眷。香水成了階級特徵——至少在某一段時間內；還有衣服也是，只要不是穿著年輕共產黨員常穿的工作服，或黨幹部的皮衣，同樣也會洩漏出階級身分。由此可見，時尚與香水之間關係密切，正如同革命階級有香氣，革命的無產階級也有對應的服裝規範。

各種氣味世界也因此彼此陷入鬥爭。在舊世界瓦解及新世界興起之間的過渡時期，不同的氣味領域彼此交織重疊，在在顯示出階級對抗的持續存在。威瑞吉甚至提到「垂死階級的氣味」以及「新社會的氣味」，美好芬芳的氣味從權力中心消失，取而代之的是邊緣的興起，那些從前處在邊緣地帶的氣味：「新時代給俄羅斯貴族帶來的是死亡的氣味，從此，在俄羅斯貴族的氣味空間裡，是難以忍受的屍臭，以及帶著甜膩的血腥味。」另一方面，當權者及黨政官員幹部散發出的是皮大衣及汽車的氣味，這是革命社會的標準穿搭及身分地位的象徵。被打倒的階級，只能羞辱地接手從前只有下等人才會做的骯髒工作：「資產階級份子」如今被指派去鏟雪、打掃廁所和清理垃圾。

一九二一年至一九二九年的新經濟政策時期，正是一個這樣的過渡期。停產的肥皂及香水存貨，仍然在黑市交易。蘇聯菁英階級的美女，像身為作家與革命家的拉麗莎·列伊斯涅爾（Larissa Reissner）、革命家及世界上首位女性駐外大使亞歷山德拉·柯倫泰

（Alexandra Kollontai）、作家尼娜·貝爾貝羅娃（Nina Berberova）仍舊喜愛來自巴黎或革命前生產的香水（亞歷山德拉·柯倫泰身為布爾什維克的貴族，先後出使不同國家，最喜歡妙巴黎生產的「夜巴黎」香水）。持有「紅色護照」，獲准前往西方資本主義國家的旅人、外交官、記者、作家，到了國外，總不忘帶回香皂、香水，以及像《哈潑時尚》（*Harper's Bazaar*）或《時尚》（*Vogue*）這種人人艷羨的時尚雜誌，明顯與舊時代品味的連結尚未斷裂。新生產的美妝用品仍然維持舊時代的命名，像是「花束」、「愛的芬芳」、「春之花束」、「仙饌密酒」（Ambrosia）、「白玫瑰」、「塔提雅娜的花束」、「瓦萊莉亞的妙思」、「香水月季」、「玫瑰花蕾」，或是「艾佩特里峰」（Ai-Petri）（克里米亞山脈）、「瑪麗·畢克馥」（Mary Pickford，著名好萊塢女星）或「佛羅里達」。

而新時代的命名則充滿政治性，將香水及美妝用品以下列詞彙命名，是將氣味世界從語意上布爾什維克化：「金穗」、「新生活」（Novyy byt）、「紅罌粟」（Krasnyy mak）、「紅色莫斯科」、「斯巴達基德」（Spartakiad）、「北方英雄」（Geroy Severa）、「前衛」。再後來當第一個五年計畫如火如荼地展開時，名字便充滿了共產主義建設大業，像是「高空氣球」（Stratostat）、「警戒」、「獻給集體農場農民」（Nash Otvet Kolkhoznikam）、「先鋒」、「坦克」、「白海運河」、「向切柳斯金人致敬」（Privyet Chelyuskinam；一九三三年蘇聯考察探險船切柳斯金號受困於北冰洋的浮冰中動彈不得，船員最終獲救）或是「集體農場的勝利」（Kolkhoznaya Pobeda）。這些新香水也成了新興高級階層的品牌標誌。

在公共住宅裡，從共用廚房飄出來、像是白菜濃湯的氣味，與那些落難至此生活的「舊人」無法割捨的芳香氣味混雜在一起。污穢與潔淨，芬芳與惡臭的對抗，也滲透到政治領域裡，因而出現「如水晶般純淨無瑕的黨」、「酸腐的資產階級知識份子」或「大清洗」等政治用語。在布爾什維克式道德守護者的眼裡，詩人歌手亞歷山大・維爾廷斯基（Alexander Vertinsky）歌詞中的薰衣草香味，代表著墮落、頹廢以及敗德。其政敵也很快地被安上「托洛斯基－皮達可夫（Trotskyist–Pyatakovist）敗德份子」之名，受到抨擊該被掃進「糞坑」或「歷史的垃圾堆」裡。[65]

內戰結束後，香水及化妝品工業獲得重組，也迎來了新的發展方向。歷經十年戰爭及內戰，導致數百萬人死亡、受傷與流離失所，這個行業的復甦，是社會恢復正常非常重要的一步。隨著這一步，儘管蘇聯當權者一開始並不情願，但還是找回革命前的傳統，並設法超越，在「凱薩琳大帝心愛的花束」之後，開始生產滿足大眾消費的肥皂，以及如「紅色莫斯科」之類的香水。但香水要恢復成精緻文化的象徵，以及蘇聯要創造出自己的香水之前，還必須滿足一個前提要件：一個與一般群眾區隔開來，追求美好精緻生活，並有能

1917年主婦雜誌封面

力實現的階級。而這種「新階級」（語出前斯拉夫總理米洛萬・吉拉斯〔Milovan Djilas〕），就在一九三〇年代，在集體化、工業化與史達林的大清洗（Great Purge）等社會劇變下興起。[66]生產蘇聯特色的香水，也在五年一期的計畫經濟中，成為香水工業的中心目標。這時期的俄羅斯香水瓶形式發展路線轉向清晰、簡潔與抽象，與「香奈兒五號」的香水瓶在西方世界奠立的風格形式不謀而合，這也標示出兩條不同的路上，發展出了相似的現代性。

革命後的俄羅斯香水瓶形式朝向簡潔俐落的發展，我們已經在香奈兒決定將她的「香奈兒五號」裝在玻璃方瓶裡時，就看到這個走向了。香奈兒的傳記作者艾德蒙・查理—魯斯（Edmonde Charles-Roux）對這個香水瓶的設計理念的描述如下：

> 香奈兒的香水瓶……與競爭對手常見、裝飾繁複的設計恰恰相反，當時所有的香水

製造商仍然相信，那些矯揉造作，像是如愛神曲線的瓶瓶罐罐，布滿蕾絲及花團錦簇的小盒子，可以刺激購買慾望。而香奈兒所推出的俐落方塊造型設計，最引人側目的，是將想像安置在一個新符號系統之下。能刺激慾望的，不再是瓶罐本身，而是它所裝載的內容物。影響購買慾望的，不是物件本身，而是它所挑動的感官，也就是嗅覺。加上那金色的液體，圍困在裸露的水晶立方體內，只為喚醒慾念而袒露。還有俐落的標籤圖案，令從前充滿曲線與華麗裝飾的香水瓶顯得陳舊過時。還有整體外觀一絲不苟的和諧，只由黑白兩色對比構成——黑色，然後還是黑色。最後還有名字，以香奈兒這個名字加上一個簡單明瞭的數字，彷彿櫥窗上貼著一道命令：「在五號下注」。[67]

這種否定過去並將之詆毀成陳腐與過時，是新設計的做法。若再仔細看，我們就會發現，這不只是藝術家偶然的發想，而是一種用來告別過去那個已消逝時代的美學形式。由安德烈．伊夫塞耶夫設計瓶身，蘇聯聯合企業（Комбинат / Combine）「特哲」製造生產的「紅色莫斯科」，同樣也是如此。正如列寧所宣稱的，俄羅斯走上「一條自己的路，往文明的高峰去」。然而，就算在分裂的世界下，現代性的兩種形式仍然具有許多共同點，比人們所意識到的還要多。[68]

告別「美好年代」以及新人類的服飾

香奈兒及拉曼諾娃的雙重革命

兩人都來自同一個「時間之鄉」，
即大戰後告別歐洲「美好年代」，
走向一個未知「現代」的過渡時期。

莫斯科的一切就像巴黎一樣，所有發展皆顯示出斷裂，不僅是香水、奢侈品或時尚世界，而是整個社會全體。這是一個動盪的世界，一次大戰數百萬人傷亡與身心受創的經歷，仍然震撼整個世界。在俄國，隨著大戰而來的是革命，以及一場經年累月的內戰，連俄羅斯帝國——或這塊曾被稱作帝國的土地——最偏遠的一角，也被攪弄得翻騰不已。崩解消逝的不僅僅是國家制度及政治秩序，更是一整個生活方式。戰爭與革命就像是災難的催化劑，使所有長期醞釀中的改變突然加速進行。在「美好年代」孕育成熟的生活型態改革，在俄羅斯卻發展失控，最終演變成一場全面的生活革命。先不論生活的落差有多大，但從舊狀態解放出來並為新事物鋪路，是一戰後籠罩在整個歐洲的發展基調。從此，人們關心的是「整體」，而不是「細節」；是對人之所以為人，對女性的角色及兩性關係，以及對威權及掌握權力的階級進行重新想像；還有對工作與休閒的分配，以及新的身體意識等等。

因此，整個歐洲——不只是俄羅斯及法國而已，在同一時間對未來美好生活形式的想像，幾乎完全一致，這實在也不令人意外。華特．班雅明（Walter Benjamin）對巴黎這個在他筆下的十九世紀世界首都所做的研究中，時尚被視作社會變遷的重要指標，而且是整個研究的焦點之一。儘管這個研究停留在草稿階段，但仍然非常出色，其中班雅明指出，從時尚中，人們可以看出未來的跡象與走向：

對哲學家來說，時尚最引人注意的，便是它驚人的預示感。眾所周知，像繪畫這樣的藝術作品，能比可感知的現實領先好幾年。在發明會發光的廣告招牌及其他裝置，以五彩燈火點亮街道與大廳之前，人們就已經可以看到這樣的景象了。個別藝術家對未來的敏感度，自然遠遠超過單一一個獨領風騷的貴婦。然而，多虧女性這個集體對未來可期之事具有無與倫比的嗅覺，使得時尚與未來事物的聯繫更加穩定、也更加明確。每一季新推出的時裝，都藏著未來事物的神秘信號，只要知道如何解讀，就能提前知曉藝術的新趨勢，預見新的律法、戰爭與革命。這自然是時尚最迷人之處，但同時也因此很難研究出什麼成果。[69]

香奈兒的傳記作者艾德蒙．查理－魯斯稱「香奈兒五號」的問世是一種「典範轉移」，不只對香水界，對時尚整體亦然。令人訝異的是，香奈兒式的未來時尚宣言，與一九二〇至三〇年代「蘇聯高級訂製服裝」（haute couturière，語出蘇聯時裝設計史專家亞歷山大．瓦西里耶夫〔Alexandre Vassiliev〕）的設計師娜傑日達．拉曼諾娃（Nadezhda

Lamanova）對新人類時尚的看法，竟然如此相似。[70]

可可・香奈兒真名為嘉柏麗・香奈兒（Gabrielle Chanel），並不是唯一的先行者。一次大戰前法國時尚界的先驅保羅・普瓦瑞（Paul Poiret）已預先鋪好路：「突然間繁複的裝飾不見了，取而代之的是簡潔的線條。接著，一位時裝設計師順應時代要求，完全按照這樣的邏輯所設計的衣服就這樣出現了。」不過，真正造成突破，令這個發展走上不歸路的，仍是嘉柏麗・香奈兒。一九一六年她寫道：「女性追求舒適及行動方便的自由，為展現風格而捨棄裝飾配件的做法，也益發受到重視，最後，廉價布料的異軍突起，使得優雅時尚在不久的將來，可能成為大部分婦女都有能力負擔的東西。」「第一次，女裝時尚革命不再追求花裡胡哨，而是為了現實，不得不捨棄所有花俏。針織布料加工不易，太過細密的縫合褶（Dart）會使得原來就已經鬆垮的組織走樣。別人可能棄而不用，但嘉柏麗不會。唯一解決這個問題的方法，就是簡化，並讓襯衫式連衣裙的長度縮至腳踝上方。這樣的設計，同時也抹殺了百年來男人充滿興味等待的那一刻：當女人走上臺階時，輕撩起長裙的姿態。就這樣，上身充滿皺褶及戴著層層輕紗籠罩帽子的女人消失了，她們的時代一去不返。」那個「穿著藕荷色禮服身後長拖擺大開」的女人消失了，再也見不到了。取而代之的，是一個可邁開大步前行，可以獨自穿衣脫衣，不可隨便輕視的人。「不過，新潮

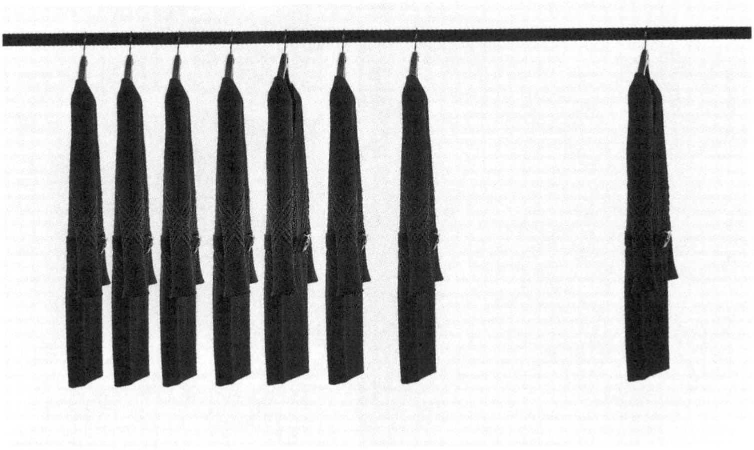

號稱「時尚界福特」的「小黑裙」

女子也可能令人沮喪。在這樣一個全新女性的衣櫃裡，不存在任何一種能讓人浮想翩翩的東西。不必追問她，這種打亂遊戲規則的做法是故意的。對於這樣一種在所有博物館都找不到相符特徵的時尚，人們該如何看待它？再有學問的人，也想像不出一個這樣的女人。」[71]

一九一六年，《哈潑時尚》展示了香奈兒設計的首批時裝。但要等到整整十年後，美國版《時尚》才會將香奈兒設計的黑色連身裙視為「終於被創造出來」的現代女性時裝代表——與「終於被創造出來」的香水形式並列。一件簡單明瞭、毫不作態的連身裙，幾乎像制服一樣，沒有領子，以雙縐綢（Crêpe de Chine）裁成，窄而長的袖子，上半身像襯衫似的直到臀部，連著貼身裙子，這就是香奈兒的「小黑裙」：實用、

娜傑日達．拉曼諾娃，攝於1880年代

舒適、優雅。[72]

與此同時，著名的蘇聯時裝設計師拉曼諾娃也明白表示，服裝——特別是女性服裝——必須除去所有無謂裝飾，且應以舒適實用為重。服裝不可對身體施以暴力，不可強加束縛，而是應該配合身體。「新服裝要能與所謂的新生活，也就是勞動生活同步，這是一種充滿活力與自覺的生活。」[73]關於〈服裝的理性〉拉曼諾娃寫道：

> 服裝是最能反映社會生活與社會心理的表現形式之一。在社會這個有機體，經過毫無前例的分類重組，以及在新大眾消費市場於蘇俄興起之際，服裝自然也會跟著產生急遽變化，從而出現創造新服裝的需求。這樣的新服裝，形式必須符合我們這個特殊年代的美感，同時又必須兼顧我們這個時代實用的要求。與受制於商業考量的西歐時尚界相反，我們的時尚考量是基於社會衛生，以及勞動程序的需求等等而產生。僅僅

設計出舒適的衣服是不夠的，我們必須確保這件衣服所展現的藝術精神，能完全符合方興未艾的新生活所抱持的期望與要求。這所有的一切，都需要先發展出符合時代潮流的服裝藝術的工作方法，以及施行方案，以期能達到大規模生產的目標。從某個角度來看，服裝是身體的延伸。就像我們的身體一樣，服裝在我們的日常生活及勞動中，也須執行某些功能，這也就是為什麼服裝必須理性化的原因：服裝不該造成穿著者的不便，而是應該帶來助益。就此而言，決定服裝設計最重要的條件如下：

一、穿著者個人性格及品味所表現的不同形式（穿著者的風格）。

二、時代風格及文化面貌。

三、個人的體形最終會以線條輪廓表現。

四、具特定形式的材質（織布），預先決定了某些我們設計元素的形式。

五、衣服的實用目的。

因此，設計一件高藝術價值服裝的任務，便是將身材、衣料及用途整合成一種普遍形式，這個形式必須盡可能符合當代社會及穿著者的眼光。以上所述之一切，可以下列實用公式表達：

為誰而做？

以什麼來做？

用途為何？

以上一切，都可轉化成一個「如何」之問句（形式）。

在我們根據這些原則創造形式時，必須嚴格遵守所有藝術都得服膺的比例與調配原則。如此詮釋下的服裝，不僅能反映出社會生活的外在表面，還可以提供人們審視俄羅斯人民本土、心理、歷史與民族特徵的機會。而這自然也可以促進民間藝術研究，看民間藝術是如何表現在工藝技術上。在此，人們找出無數的可能性，將民間藝術傳統主題之美，與深植於其間的理性邏輯，與蘇維埃生活方式達到和諧一致的境界。在革新後的社會及心理生活下，傳統刺繡、編織蕾絲及亞麻布結合為現今世代的形式美感後，將會在社會上重新獲得重視。[74]

這種將實用與精美服裝結合的方式，應該就是拉曼諾娃成為「蘇聯高級訂製服裝師」的祕訣。她並未參與「形式主義」及構成主義這些充滿原創性的精彩創作，也逃過一九三〇年代初期對這類藝術家的清算，一九三五年她創立了「樣板之家」，奠定了計畫經濟下蘇聯時尚發展的制度基礎。[75]

香奈兒與拉曼諾娃這兩位時裝設計師相近與相異的審美觀，或可歸因於兩人互可比較、但終究相異的人生道路，但最重要的，兩人都來自同一個「時間之鄉」，即大戰後告別歐洲「美好年代」，走向一個未知「現代」的過渡時期。

一八八三年，嘉柏麗・香奈兒以私生女的身分誕生在法國曼恩－羅亞爾省（Maine-et-Loire）的索米爾（Saumur），父親是沿街叫賣的小販。青春期時她被送至奧巴辛，在一所由修女院設立的孤兒院裡生活。之後她又在穆蘭（Moulins）的一所天主教女校就讀，[76]很早就學會縫紉。娜傑日達・拉曼諾娃則是更早一輩的人，一八六一年出生於莫斯科附近一個家道中落的貴族家庭，曾就讀下諾夫哥羅德的一所女子高中，並在莫斯科一家刺繡工坊實習，在二十世紀初期，她已是一位受歡迎的裁縫師，且很快就開始為沙皇皇室成員裁衣。這兩位女性戲劇性的人生經歷，使她們能接觸到與個人出身截然不同的生活圈。在香奈兒當裁縫時，也在穆蘭一家咖啡賣唱，因而接觸到水療聖地維

娜傑日達・拉曼諾娃的時尚設計

琪（Vichy）的社交世界，再經由那些來自上流社會的情人，她認識了那些出生鄉下的女孩原本不可能接觸到的人與事：耶田．巴爾森（Étienne Balsan），一位騎士軍官及富有的布商，與她一起生活在他的莊園裡；而他的英國貴族朋友亞瑟．愛德華．「男孩」．卡柏（Arthur Edward 'Boy' Capel），資助香奈兒在時尚的海濱度假勝地多維爾（Deauville）比亞里茲（Biarritz）、甚至稍後在巴黎開設時裝店。

拉曼諾娃在一次大戰前就已見過世面，且到過巴黎。而香奈兒的成功，除了因為有慷慨大方的情人（但無損她個人的獨立作風），更是因為她自己的成就，或者說：她的天分。兩人都與藝術圈的關係密切，特別是戲劇界。拉曼諾娃曾在康斯坦丁．史坦尼斯拉夫斯基（Konstantin Stanislavski）所創的莫斯科藝術劇院（Moscow Art Theatre）擔任劇場服裝設計師；香奈兒則是在認識巴黎的波西米亞藝術圈女王米希雅．塞爾（Misia Sert）之後，開始接觸巴黎社交圈，並結交「俄羅斯季」（Saison Russe）*的靈魂人物，特別是謝爾蓋．達基列夫。拉曼諾娃在一九一九年俄國革命後曾與丈夫一起被捕入獄，但在馬克西姆．高爾基（Maxim Gorky）說項下，又得以被釋放。此後，直到一九四一年去世為止，她都是蘇維埃時裝界的核心人物。一次大戰時，香奈兒曾在軍醫院工作，戰爭結束後便一躍成為巴黎時裝界的核心人物。[77]兩人都在市井小民所具備的「常識性美感」，與像俄羅斯芭蕾舞團（Ballets Russes）或莫斯科藝術劇院所代表的精緻文化之間，親身體驗到兩者碰撞所產生的廣度與張力，並將其轉化成創作的泉源。

根據香奈兒的傳記作者所述，她始終記得父母對「一切乾淨、新鮮及尊貴的東西都很有感覺」；在她最經典的時裝設計「小黑裙」中，可以看到她在奧巴辛修道院成長經歷的沉澱。「襯衣是白色的，洗了一次又一次，總是完美無遐……裙上的皺褶為黑色，摺縫很深，讓人穿上它可以大步行走，不會馬上就變形。修女的面紗是黑色，她們的連身裙袖子是寬鬆的，可以藏進手帕……但白色，白得發亮的是修女頭巾的縫邊，以及寬大微皺的胸前披巾。長長的走廊也是白色，粉刷過的牆壁是白色，但是睡覺的通鋪大廳那高大的門是黑色，那是一種深得不見底、高貴的黑色，一種只要見到，就永遠不會忘記的黑色。」還有學校也留下它的痕跡：「三件在她記憶中留下不可磨滅痕跡的東西，乍看之下似乎微不足道：中學街（Rue du Lycée）學生制服的衣領，打成玫瑰花結的領帶，以及工作服的黑」。當她還在維琪做帽子時，「就像一個奇蹟般從所屬時代的愚蠢中解放出來的人」，而她「堅持簡樸的勇氣」也使人折服。[78]

* 譯註：一九〇九年起每年夏天在巴黎舉辦的俄羅斯芭蕾舞團表演。

尚・考克多《藍色列車》中的一幕，演員穿著香奈兒設計的服飾，攝於1924年

在每個經歷過的時空中，香奈兒都擷取了一些東西，之後成為她的風格特徵：青少年時期的實用及簡樸風格；賽馬、網球場、海濱渡假勝地，和搭乘富人遊艇出遊的運動風格；水手的條紋衫、漁夫的夾克、或俄國農民的繡花襯衣。她總有辦法扭轉乾坤，戰時改用針織布料，從而創造出嶄新的時尚風格。另一方面為了追求完美，她也從不害怕代價過高，就像她在「香奈兒五號」所做的決定。她從俄羅斯芭蕾舞團的布景及服裝設計擷取靈感，但也將自己所設計的服裝推上舞臺。在尚・考克多（Jean Cocteau）、大流士・米堯（Darius Milhaud）以及謝爾蓋・達基列夫共同製作，於一九二四年六月十三日首演的芭蕾舞劇《藍色列車》（*Le Train Bleu*）中，由於劇情是描寫濱海度假勝地的假日戀情，出現在舞臺上的角色有度假遊客、網球選手、高爾夫球冠軍選手等等。這些角色穿的衣服不是一般常見的劇服，而是香奈兒設計的真正服裝。真正的運動員露著雙腿，穿著網球

或高爾夫球鞋，還有穿著泳裝的遊客。[79]

香奈兒的座右銘是：「拿掉，盡量減少，從不添加……真正的美是身體的自由。」[80]就連像哈利・凱斯勒伯爵（Harry Graf Kessler）這樣嚴苛的批評家，在首演後的一九二四年六月二十四日也紀錄了如下的心得：「兩者*都以童話般的轉化，顯示出最現代的生活、以及當今日常生活如詩般的蛻變。尤其是現代運動：網球選手、雜技演員、體操選手、摔跤選手及游泳選手等等。」並以激情的字眼描繪這齣舞劇：「如古典建築柱頂楣構飾帶般的組合」及「美得令人著迷的圖像」，一切都「顯得既希臘又超現代」。[81]

娜傑日達・拉曼諾娃所處的環境，則是一個將服裝與時尚明白地當作階級鬥爭問題的社會，她必須對這個命題有所呼應。當內戰結束後漸漸恢復日常生活，服裝及紡織工業再度站穩腳跟，時尚也隨之出現，從前的針織廠「克斯特」（Kersten）變成了「紅旗」工廠。[82]一九二〇年代是新人類服裝抗爭的時代，而最後的結果絕對不是之前已經預想好了的。二十世紀是時尚風格發展史上最迷人的篇章，而這迷人篇章正是因為新經濟政策所產生。大戰、革命和內戰的十年戰爭，使得一切陷入混亂狀態，隨之而來的卻是創造力的爆

* 譯註：這裡指考克多另一齣舞劇《遊行》（*Parade*）與《藍色列車》。

發。革命前就已存在的時尚文化，如新生活的覺醒及現代時尚的抗爭，在戰後全被引導進入階級、新舊、過去與未來之間的鬥爭裡。一夕之間，從前的娛樂場所、電影院及歌舞廳再度擠滿了人，「舊有的」資產階級跟新興的「新經濟布爾喬亞」都來了。戰前代表時尚的潮流也再度回流，還加上最新的舞步：探戈、狐步舞、兩步舞。這場景與格奧爾格・格羅茲（George Grosz）畫作中的柏林「黃金的一九二〇年代」其實並沒有太大的區別：綴滿亮片的服飾、低胸領口、羽毛圍巾、線條俐落但無腰身的晚禮服、長桿菸嘴、披肩。在共產革命主義、肌肉發達的無產階級人物形象之後，又開始流行偏向中性，且充滿都會美型男風格的服裝了。

拉曼諾娃早在一九一九年初的第一個蘇維埃裁縫實驗工坊成立後，便明白表示過該如何做，才能告別過去那個滅亡世界的時尚：改革後的服裝不該奢華，最重要的是實用，尤其不該有多餘的裝飾，更不應該有珠寶配件或昂貴的布料，一切都應以提升日常生活文化為準則；不該只為特殊有錢的階級設計，而是給全體人民，女人應該從男人附屬品或裝飾品的地位解放出來。新人類服裝的試驗場所主要是在劇院舞臺上，在那裡可以具體展現新服裝的原型。從俄羅斯芭蕾舞團的服裝設計師，到蘇聯前衛藝術家如尼古拉・葉夫雷諾夫（Nikolai Evreinov）、弗謝沃洛德・梅耶荷德（Vsevolod Meyerhold）以及亞歷山大・泰洛夫（Alexander Tairov）大膽醒目的舞臺與服裝設計，都可以看到新服裝的呈現。就連以亞歷克賽・托爾斯泰（Alexei Tolstoy）小說為底本的科幻電影《艾麗塔》（*Aelita*）中抽象幾何的服裝，也可看作前衛時尚的展示。致力於極簡形式的畫家如瓦爾瓦拉・斯捷潘諾娃（Varvara Stepanova）及里尤波夫・波波瓦（Lyubov Popova），也開始設計布料及衣服並且以之聞名。在他們的作品中，運用了許多從俄羅斯民間藝術與傳說中發掘出來的顏色與線條。[83]

這兩條平行發展卻有截然不同的生產方向的交會點，是一九二五年在巴黎舉辦的「現代裝飾與工業藝術國際博覽會」（Exposition internationale des arts décoratifs et industriels modernes）。此時距離一九〇〇年的巴黎萬國博覽會已過了四分之一世紀的時間，法國希望藉由這次展覽，能在歷經毀滅性的世界大戰後，再次展現自己浴火重生及領導世界之地位。這次展覽的內容水準非常高，只展出最新的藝術及科技。出於政治原因，並未邀請德意志帝國的代表參加，不過邀請了蘇聯，而且蘇聯的展館備受矚目。在為一九〇〇年萬國博覽會所興建的展館大皇宮（Grand Palais）及設在協和廣場（Place de la Concorde）與阿爾瑪廣場（Place Alma）之間的各個展館，為來訪的百萬遊客提供了一個豐富多樣的當代藝術展。

福特新款車出廠

這個展覽重點放在建築與設計，最受歡迎的展館是由康斯坦丁．梅利尼科夫（Konstantin Melnikov）所設計，另一個則是由勒．柯比意（Le Corbusier）所設計。此外，各種設計、海報藝術以及由埃爾．利西茨基（El Lissitzky）、亞歷山大．羅欽可（Alexander Rodchenko）及娜傑日達．拉曼諾娃所設計的時裝，也大受觀展者青睞。他們採用便宜材質製作出來的布料、衣服、玩具以及飾品，不僅獲得西方觀眾的讚賞，並且贏得大獎（Grands Prix）的殊榮及無數獎牌。這一切都在人們對蘇俄抱持好奇的開放態度，甚至可以說是充滿期待的氣氛下進行。[84]

一九二五年的這場博覽會，將十九、二十世紀之交的新藝術運動（Art Nouveau）完全拋在腦後，如今時興並引領評論風潮的是包浩斯（Bauhaus）（即使德國沒有人受到正式邀請）、柯比意、立體主義（Cubism），以及受到埃及墨西哥出土文物而啟發的藝術風格。這個展覽也令接下來的時代風格被命名為「裝飾藝術」（Art déco）。一九二二年創立時裝與香水品牌的服裝設計師保羅．普瓦瑞，在名為「愛」（Amours）的展館中彈奏一架會向觀眾噴灑香水的香水鋼琴。甚至還有一個名叫「『優雅宮』的展場……這次展覽最特別的是，與尚．巴杜、香奈兒、珍．浪凡、路易斯．布朗奇設計服裝一起展覽的，還有普瓦瑞的布料，萊儷的絲綢、燈具、家具及水晶，杜南的漆器，卡地亞的珠寶飾品，克里斯托夫金銀器，金匠藝術以及法國本地與其他各國的瓷器。展出的唯一條件是，這些東西的形狀線條必須俐落，裝飾簡單，且沒有過分誇張的雕飾，完全可以感受到『裝飾藝術』的成功。」*[85]由於當時對異國風情及「原始」的迷戀，展覽的一邊是色彩豔麗民俗風；另一邊則是生產美學（Production Aesthetics）的激進性格、蘇維埃的設計，還有時尚及建築，兩邊都為這次博覽會贏來高度的關注。

對香奈兒來說，一九二五年的國際展覽又有什麼意義？她所展出的時裝及飾品配件引起世界矚目。一九二六年，美國《時尚》雜誌將香奈兒的「小黑裙」比做福特汽車，並稱其為「香奈兒的福特」。福特推出實用美觀的車型，將汽車這個奢侈品變成多數人負擔得起的產品；香奈兒則是用她優雅簡約的「小黑裙」打造出「時裝界的福特」。[86] 同樣的，拉曼諾娃也推出一款結合品味及品質的時裝，又能大量生產而使得一般人也能負擔。福特一方面被拿來當作法國高級訂製時裝界的參照點，另一方面，也成了蘇聯工業化計畫中的具體寫照：集體農場裡的福特曳引機；下諾夫哥羅德這個汽車生產地，也被稱為「窩瓦河畔的底特律」。這些全都顯示出一個事實：美國已成了地平線上的第三勢力。

---

* 優雅宮 Palais des Elégances
尚．巴杜 Jean Patou
珍．浪凡 Jeanne Lanvin
路易斯．布朗奇 Louise Boulanger
萊儷 Lalique
杜南 Dunand
卡地亞 Cartier
克里斯托夫 Christofle

香奈兒的俄國關係

一件貼身羊毛俄式短衫配上裙子，
衣領及袖口邊有低調的刺繡，
這是從俄羅斯土壤培育出來的特有風格，
但卻以非常巴黎的形式呈現。

對一位製帽女匠及頭飾設計師來說，就算再有才華，也不是因此就能理所當然進入一個多數是男人的社交圈，更何況這個社交圈還能幫助她脫離個人出身的限制，走向寬廣的大世界。必須要有那麼一個空間存在，能讓香奈兒這個製帽女匠不僅能跟資助她開設精品店的富商情人「卡柏男孩」見面，還要能和法國總理喬治．克里蒙梭（Georges Clemenceau），或是仍在等待時機到來的溫斯頓．邱吉爾（Winston Churchill）建立關係才行。必須要有這樣一個地方，能讓一個女時裝設計師認識全英國最富有的男人西敏公爵（Duke of Westminster），並經常逗留在他的莊園裡。也要在這樣一個地方，能讓她認識一位出身沙皇皇室的貴族，然後，這位貴族又想起革命前在聖彼得堡的日子，那時所認識的一位調香師。

的確是有這麼一個地方存在，在那裡匯集了所有「美好年代」的尋常事物，所有的慣習，所有的財富；是有這麼一個地方，在那裡，從戰火及革命而毀滅了的社會中逃難出來的倖存者可以找到庇護；是有這麼一個地方，在那裡，聚集了當時全世界情感最豐富、也最敏感的人，還有藝術家、文人與畫家等等，他們都想跟上時代潮流，在充滿張力的世界中心活動。這樣一個地方，就是巴黎，十九世紀的世界首都，在遭受一次大戰的蹂躪後，世界中心尚未轉移到新大陸之前，曾再度地光芒四射。

所有從十九世紀中葉開始舉辦的世界博覽會中，留給觀眾最深刻印象的，莫過於一九〇〇年、一九二五年及一九三七年在巴黎舉行的博覽會。出現在世紀末（fin de siècle）成果展中的艾菲爾鐵塔，將科技發展的可能性推演到一個前所未見的高度；一九二五年的世博會則是野心勃勃地展示出一個從「廿世紀災難源頭」*浴火重生的世界；到了一九三七年的展覽，蘇聯及德意志帝國的展館已走出艾菲爾鐵塔的陰影，展現出宏偉與全能的新氣象。千百萬人蜂擁而至，就為了親眼目睹這個世界，並幻想未來。那些靠錢滾錢的富人以及「昨日世界」（語出史蒂芬・茨威格）裡的富貴閑人都來了，這些人享受奢華，是時尚的鑑賞者，他們什麼都買得起，且每個人都有敏銳的預感，知道在這個看起來井然有序的世界之下，有些什麼正蠢蠢欲動。那是烏托邦主義者、末世論者、歇斯底里的人、預言家、力主創新的社會實驗者，還有那些感應到尚未浮出檯面的氣氛與潮流的人，他們接收到世界各地發生的各種事件所發出的訊號，像是解放運動、起義、屠殺、暗殺、天災與各種意想不到的發明等等，所有這些人都來了。

除此之外還有來自全球各地的旅客，他們都想再一次親眼目睹，鼎盛時期的歐洲所創

* 譯註：即一次大戰，語出美國歷史學家暨外交家喬治・凱南（George Frost Kennan）。

造出來的成就。[87]非洲人來了，亞洲人也來了，他們在大學、在各研究單位及咖啡館裡專心聽講，希望學到如何超越歐洲。還有像海明威及葛楚・史坦（Gertrude Stein）這種屬於「失落的一代」的美國人，在這裡尋找自我，在羅浮宮裡閒蕩，在咖啡廳落腳，就為了找出美國暫時尚未找到的人生方向（way of life）。在這裡還有英國人及德國人，當然都說著一口流利標準的法文，希望能將更為精緻的歐洲帶回家鄉。[88]

但在巴黎，首先以歐洲文化大國姿態亮相的是俄國人。那些本來可能永遠不會碰面的人，革命後在巴黎這塊遠離祖國的異鄉土地上相遇。整體而言，他們是俄羅斯文化圈的菁英，他們會對所處的周遭環境產生無可比擬的影響——不管是在一戰前或後，或在大革命前或後。

一戰前，巴黎跟義大利是俄羅斯遊客最主要的目的地，當時貴族已習慣在固定時間到地中海的濱海地區渡假。漸漸地，在蔚藍海岸的坎城（Cannes）、聖雷莫（San Remo）、昂蒂布（Antibes）、尼斯（Nizza），以及大西洋岸的比亞里茲（Biarritz）與多維爾（Deauville），形成俄羅斯移民聚居地，周圍全是高水準、高消費的服務業及奢侈品行業，還有東方正教教堂及猶太會堂。

戰爭的爆發給這些海濱勝地的經濟帶來沉重的打擊，尤其是在革命之後，富有的觀光客銷聲匿跡，取而代之並迅速成長的是從事文化旅遊的觀光客。對這類遊客而言，巴黎是整個歐洲之旅的高潮。所有觀光景點、旅館及各種娛樂場所，都被忠實地記錄在當時的俄文旅遊指南中。鐵路網的擴建，特別是從聖彼得堡到巴黎的「北方特快車」，使得相隔甚遠的兩個世界，產生了越來越密切的溝通與交流。[89]

法國在發生大革命之後，就一直是全世界政治異議份子與自由鬥士的避難所。十九世紀的巴黎，更成了俄羅斯革命份子流亡地及知識階層的留學中心，民主革命的擁護者及各色反對黨，將巴黎（在倫敦和日內瓦之外）打造成反沙皇派的活動基地、出版中心以及聚會場所與訓練中心。

比起其他歐洲的都會，所有藝術流派，無論是印象派、分離派（Secession）、象徵主義，還是後來的達達主義和超現實主義等等，似乎總是最早出現在巴黎。人們從聖彼得堡、里加（Riga）、基輔（Kyiv）或是華沙湧向巴黎，因此早在革命前幾年，這裡便聚集了那些劃時代的藝術家及俄羅斯知識份子，像是來自維捷布斯克（Vitebsk）的馬克·夏卡爾（Marc Chagall）、來自基輔的亞歷山德拉·愛卡斯特（Aleksandra Ekster）以及來自莫斯科的米哈伊爾·拉里昂諾夫（Mikhail Larionov）。到了二十世紀末，這些人的作品又會在龐畢度中心（Centre Pompidou）的「巴黎－莫斯科」大展，或以「巴黎學派」之名重新被人發掘出來。[90]

由全才藝術家兼經紀人謝爾蓋・達基列夫主持的「俄羅斯季」及「俄羅斯芭蕾舞團」，更是大大增加俄羅斯文化在巴黎的能見度，進而對全世界產生影響。達基列夫在一九〇六年離開俄國之前，是聖彼得堡皇家劇院總監，是許多大展的策展人，也是重要藝術雜誌的發起人。在巴黎他成功地創造出一個驚人的藝術整體，由不同領域的藝術家共同參與，涵蓋了音樂、舞蹈、文字創作以及繪畫。作曲家伊果・史特拉汶斯基（Igor Stravinsky）、大流士・米堯（Darius Milhaud）、艾瑞克・薩堤（Erik Satie）、謝爾蓋・普羅高菲夫（Sergei Prokofiev），以及編舞家暨舞者萊昂尼德・馬辛（Léonide Massine）、謝爾蓋・里法（Serge Lifar）、伯利士・寇克諾（Boris Kochno）、瓦斯拉夫・尼金斯基（Vaclav Nijinsky），芭蕾舞女伶安娜・巴甫洛娃（Anna Pavlova）、塔瑪拉・卡莎維娜（Tamara Karsavina）、布羅尼斯

萊昂・巴克斯特（Léon Bakst）：《謝爾蓋・達基列夫》，繪於1906年

拉瓦・尼金斯卡（Bronislava Nijinska），畫家巴布羅・畢卡索（Pablo Picasso）、胡安・格里斯（Juan Gris）、費爾南・雷捷（Fernand Léger）、薩爾瓦多・達利（Salvador Dalí）、萊昂・巴克斯特（Léon Bakst）、亞歷山大・貝努瓦（Alexander Benois），以及服裝設計師嘉柏麗・香奈兒。

「俄羅斯季」有許多首演，就像《春之祭》（*Le Sacre du printemps*）、《火鳥》（*L'Oiseau de feu*）、《三橘之戀》（*L'amour des trois oranges*）、《婚禮》（*Les Noces*）、《鋼之躍升》（*Le pas d'acier*）都在音樂史寫下重要的一頁。這些演出不僅是音樂圈的大事，也是社交界的盛會，全世界的觀眾蜂擁而至。謝爾蓋・達基列夫和他帶領的芭蕾舞團，幾乎毫無間斷地四處巡迴演出：巴黎、蒙地卡羅、倫敦、柏林、維也納、布達佩斯、布宜諾斯艾利斯、紐約。嘉柏麗・可可・香奈兒在一九二〇年代資助達基列夫三十萬法郎，使他能將《春之祭》重新搬上舞臺；同樣也是香奈兒，在一九二九年到威尼斯探望垂死的達基列夫，並為他舉辦莊嚴的葬禮。當史特拉汶斯基一家人從瑞士移居到法國時，是香奈兒將他們安頓在她位於加爾什（Garches）的別墅「美好氣息」（Bel Respiro）裡。也是香奈兒，將出身羅曼諾夫皇室，在法國只能縮衣節食的德米特里・巴甫洛維奇，安置在比亞里茲。而那些革命後從俄國逃出來的貴婦，現在都為香奈兒工作，當她的模特兒或頭飾設計師，或幫她鑑定昂貴的布料或飾品。[91]她身邊充滿了來自俄羅斯的人與事，並在這些「遺民」的優雅姿態中，看到與她極為相近的品味、自信與修養。

而讓巴黎社會與這個俄羅斯世界，甚或國際世界相遇、交融與交流的場所，便是沙龍。在巴黎的所有沙龍中，最富盛名的莫過於由傳奇人物米希亞・塞特（Misia Sert）所主持的沙龍了。米希亞・塞特是波蘭雕塑家希普里安・高迪斯基（Cyprian Godebski）的女兒，生於聖彼得堡，自幼接受最好的教育，並拜法國作曲家暨鋼琴家加布里埃爾・佛瑞（Gabriel Fauré）為師，為日後成為鋼琴家做準備。但米希亞・塞特卻選擇與塔迪・納童斯（Thadée Natanson）——重要報章雜誌的總編——結婚，不久後離婚，並再與富有的英國情人愛德華先生結婚。十年後她又為了與約瑟普・瑪利亞・塞特（Josep Maria Sert）結合而離婚。約瑟普・塞特出身加泰隆尼亞，活躍在巴黎與美國，紐約華爾道夫－阿斯多里亞酒店（Waldorf Astoria New York）以及日內瓦的萬國宮（Palace of Nations）都有他的壁畫作品。但他最受矚目的作品，還是西班牙共和國在一九三七年巴黎世界博覽會的展館。整個巴黎社交焦點，就在米希亞・納童斯——又名愛德華夫人——所主持的沙龍：亨利・德・土魯斯－羅特列克（Henri de Toulouse-Lautrec）、莫里斯・拉威爾（Maurice Ravel）、艾瑞克・薩提（Erik Satie）、保爾・魏爾倫（Paul Verlaine）、馬賽爾・普魯斯特

（Marcel Proust）、尚・考克多。皮埃爾・博納爾（Pierre Bonnard）與費利克斯・瓦洛東（Félix Vallotton）為米希亞繪製肖像。米希亞對香奈兒非常著迷，兩人的關係稱得上是靈魂伴侶。也正是她，將達基列夫介紹給香奈兒。直到米希亞去世之前，她與香奈兒都保持著密切的聯繫。[92]

法國是俄羅斯在一次大戰時的盟友，並在反布爾什維克派失去俄羅斯後，成為帝國流亡人士逃離俄羅斯的首選。巴黎就像君士坦丁堡、布拉格、柏林和哈爾濱等地一樣，成為「境外小俄羅斯」，成千上萬的難民來到這個受到一戰重創、漸次復甦的國家。巴黎也因此成為了各種暗殺及綁架事件的舞臺：蘇聯特務綁架白軍代表帶回蘇聯受刑，就連反史達林的左翼反對派代表，托洛斯基的兒子列夫・謝多夫（Lev Sedov），也在此被蘇聯特務追殺。巴黎是許許多多歷經各種悲劇的人聚集之所在，他們失去一切，來到這裡從頭開始：從前的軍官，現在開計程車或在布洛涅—比揚古（Boulogne-Billancourt）的雷諾車廠裡當工人；從前的貴族或家庭女教師，現在在裁縫店和時裝店工作。這些俄羅斯移民創造了自己的生活圈，他們有自己的學校、報紙及出版社，建立自己的教區及青少年休憩中心。就像研究巴黎俄羅斯社群的歷史學家羅伯特・約翰斯頓（Robert H. Johnston）所說的，巴黎是「新麥加，新巴比倫」。[93]

在這個文化交匯處，形成各種交際圈與家族關係網，彼此締結婚姻與建立親密關係：像是畢卡索與奧爾嘉．科克洛瓦（Olga Khokhlova）結婚，羅曼．羅蘭（Romain Rolland）與瑪利亞．庫達舍娃（Maria Kudasheva），費爾南．雷捷與娜蒂亞．霍達謝維奇（Nadia Khodasevich），還有原名愛蓮娜．迪亞克諾（Elena Diakonova）的「加拉」（Gala），則是保爾．艾呂雅（Paul Éluard）、馬克斯．恩斯特（Max Ernst）及薩爾瓦多．達利等藝術家的情人與繆斯。上述所言都不是什麼罕見的例子，跨界的品味與風格在那裡水乳交融。

像歐內斯特．博那樣，終其一生多次理所當然地跨越國界，可以說是一個相當典型的例子：出生於莫斯科，在俄羅斯長大，在法國香水公司雷萊特接受職業訓練，並在革命後回到他口中的「原鄉」。透過德米特里．巴甫洛維奇．羅曼諾夫，這位已多年生活在巴黎的大公，博認識了香奈兒。羅曼諾夫大公是沙皇亞歷山大二世的孫子，亞歷山大三世的姪子，也是末代沙皇的堂弟，從小由一位英國護士照護，與姊姊在克里姆林宮跟著伯父長大，這位伯父在擔任莫斯科總督期間遭遇恐怖攻擊而喪生。

哈利．凱斯勒伯爵雖是圈外人，但卻非常了解巴黎社交圈，對巴甫洛維奇大公與香奈兒之間的關係有如下的描述：德米特里「在巴黎的生活已將他的沙皇皇室頭銜輕率地揮霍殆盡」。他一到巴黎就跟一位「本業是裁縫、非常富有的交際女（Cocotte），人稱『可可』

的香奈兒在一起，她也是我一位老朋友米希亞・愛德華（塞特）的朋友。與她在一起，德米特里又有錢了。也就是說，他被可可包養了。」

哈利・凱斯勒伯爵也提到「達基列夫這人也和可可關係親密，並且為了他的芭蕾舞跟她『借』錢」，還提到可可舉辦的各種宴會，全由她與米希亞主導，並提供「魚子醬、鵝肝、水果、一整塊的火腿招待賓客」（出自一九二四年一月十六日的紀錄）。[94]儘管凱斯勒伯爵對他散布在歐洲各地的朋友圈常有相當細膩敏銳的觀察，但在香奈兒身上，卻是錯得離譜。

基特米爾時裝店廣告海報，繪於1920年代

至於香奈兒與俄羅斯圈子的關係有多親，從她直接參與瑪利亞・帕夫洛夫娜大公夫人（Maria Pavlovna）創設基特米爾（Kitmir）時尚工坊一事便可看出。香奈兒的傳記作者查理－魯斯寫道：「一件貼身羊毛俄式短衫（rubashka）配上裙子，衣領及袖口邊有低調的刺繡，這是從俄羅斯土壤培育出來的特有風格，但卻以非常巴

黎的形式呈現……這種短衫的創意非常受歡迎，因此開設了一家刺繡工坊，由瑪利亞大公夫人主持。」[95]曾在一九二五年世博會上參展的基特米爾工坊，以波斯神話中傳說生物為名，也是一九二〇年代出現在巴黎及其他俄羅斯移民中心（如柏林及遠東的哈爾濱）的眾多時尚工坊中的一個。

在一次大戰前，瑪利亞・帕夫洛夫娜大公夫人與瑞典王儲有過一段失敗的婚姻。在俄國革命後，她經由基輔、奧德薩、君士坦丁堡、布加勒斯特（Bucharest）和倫敦來到巴黎，並於一九二一年在其弟巴甫洛維奇大公的社交圈中認識可可・香奈兒。儘管親人的厄運給她沉重的打擊——其父在彼得格勒，其他近親在克里米亞遇害，但她還是以精明的商業手腕，全力投入創立個人時尚工坊。其他像奧博倫斯基（Obolensky）、尤蘇波夫（Yusupov）、多爾戈魯基（Dolgoruky）、巴赫梅季耶夫（Bakhmetyev）等知名的俄羅斯貴族，也都出現在這一時期的巴黎時裝界。這些來自聖彼得堡和莫斯科的社交名人，知曉奢侈品及時尚世界的一切。並且多虧她們的家庭女教師，他們最熟悉的語言不是俄文而是法文。

俄羅斯麗人可說是優雅的化身，嘉莉・巴茲諾娃（Gali Bazhenova）、紐莎・羅特萬德（Nyusha Rotwand）、亞布狄小姐（Lady Abdi）等模特兒的身影，美化了《哈潑時尚》及

《時尚》的版面，這些全是亞歷山大．利伯曼（Alexander Liberman）、喬治．霍伊寧根—惠內男爵（Baron George Hoyningen-Huene）等時尚攝影大師，或是署名艾爾特（Erté），真名為羅曼．蒂爾托夫（Roman Tyrtov，縮寫為R.T.）的時裝設計名師的作品。她們穿戴著珍貴且充滿異國風情的服飾，像刺繡、外型如俄羅斯傳統女性頭飾（Kokoshnik）的冠冕，俄羅斯護耳帽，以及珍貴皮草製成的圍巾與大衣，珍珠項鍊以及皮帶，拿著身著傳統服飾的玩偶、陽傘、樣式別緻顯眼的小包包，使她們完全符合西方對神祕東方的想像，並滿足大眾對高貴之美的慾望。[96]

在窘迫的流亡困境中，身分地位全都喪失之際，像瑪利亞．帕夫洛夫娜這樣的女性往往比男性更懂得生存之道。流亡生活的艱苦，迫使不少人成為生存大師，在全新的領域裡證明自己的才華，就像瑪利亞．帕夫洛夫娜創立個人香水品牌「伊果王子」（Prince Igor）。也正是這些人，野心勃勃地準備征服美國市場。有許多跡象顯示，香奈兒對布爾什維克的反感並非出於政治原因，而是因為美感經驗。

當巴黎還是「十九世紀世界首都」時，出口不少東西到聖彼得堡與莫斯科，這些東西又經由俄羅斯流亡人士及移民等路徑，迂迴地返回巴黎。其中不乏富商及藝術贊助者，在畢卡索、馬蒂斯、梵谷和塞尚揚名全球前，就開始蒐購他們的畫作，並在自家中展示。但當一九三五年大收藏家謝爾蓋・舒金（Sergei Shchukin）死於巴黎時，就像一九二一年伊萬・莫羅佐夫（Ivan Morozov）於卡爾斯巴德（Carlsbad）去世一樣，儘管兩人都已離開蘇聯，但他們擁有當時收藏最豐富的現代法國藝術，全被沒收並運回蘇聯。直到今日，這些作品仍是冬宮（Hermitage）及普希金美術館（Pushkin Museum）的鎮館之寶，紀念著歐洲現代主義全盛時期裡，巴黎—莫斯科這條主軸。[97]

莫斯科的法國關係？

「勞動者的祖國」以及
米哈伊爾・布爾加科夫留下的線索

一位在巷戰中倖存的巴黎公社成員，
在紅場接受褒揚，
最後安息在克里姆林圍牆墓園。

在俄羅斯貴族、資產階級知識份子以及白軍成員因俄羅斯革命流亡至巴黎時，另外有一批人，則是懷抱著對俄羅斯革命及新世界的憧憬而來到莫斯科。革命後的俄羅斯最初、也最重要的，是代表一個從大戰的「鋼鐵風暴」（Stahlgewittern / Storm of Steel）*中成功脫身的例證。沙皇政府及臨時政府的垮臺，提供了大戰——這場在整個歐洲造成數百萬人死亡，傷殘者不計其數之瘋狂屠殺——結束後的一種願景。導致一整個世代的人們，皆渴望找出那條可以回到和平時代如常生活的路。

特別是以革命終結戰爭的想法，吸引了來自歐洲各地支持俄羅斯革命的人、以及共產黨員來到俄羅斯，其中包括「基督教共產黨」作家皮埃爾・帕斯卡（Pierre Pascal）以及像亨利・巴布斯（Henri Barbusse）這樣的激進和平主義者。特別是後者戰時多次受傷，並寫下《烽火》（*Le Feu*）一書，直到他在一九三五年去世，都奉獻給蘇聯這個國家，甚至在生命最終之時，仍在書寫史達林傳記。[98]

把和平主義這股「暖流」帶進俄羅斯的，也有像羅曼・羅蘭這種在一戰前便已成名的作家，他在晚年還去莫斯科拜訪史達林。許多懷抱著一種莫名的理想主義，忽視蘇聯現實與理想之間各種不一致的資產階級人文主義者及和平主義者，就像安德烈・紀德（André Gide），之後會為了史達林的獨裁專制找出各種荒謬的藉口。就連路易－斐迪南・賽林

（Louis-Ferdinand Céline）†這樣知名的作家，也沒有在這場鬧劇中缺席。

另外一種類型則是武裝暴力派的社會主義者，這是從第二國際裡分裂出來，在共產國際中所形成的黨派。對他們來說，莫斯科不是和平黨派，而是內戰的政黨。打從一開始，他們就將蘇維埃俄羅斯視為一場偉大的實驗，並毫無保留地俯首聽命於布爾什維克黨的領導，且相信全世界都該這樣。一位在巷戰中倖存的巴黎公社成員，在紅場接受褒揚，最後安息在克里姆林圍牆墓園，這類事件在某種程度上象徵著革命工人運動方向的東移。法國共產黨創始者像保羅．瓦揚－庫蒂里耶（Paul Vaillant-Couturier）或莫里斯．多列士（Maurice Thorez），便經常出入莫斯科，他們在當時都相當知名，是頗受擁戴的政黨領袖。一九三二年，保羅．瓦揚－庫蒂里耶的著作《工業鉅子。新生活的締造：在五年計畫下的蘇聯旅遊九個月記錄》（*Les géants industriel. Les bâtisseurs de la vie nouvelle: neuf mois de voyage dans l'URSS du plan cinquennal*）出版。不過，在巴黎－莫斯科這個主軸上，最具影響力可能不是這些共產黨員，而是所謂的同路人（Poputchik / fellow

* 譯註：語出恩斯特．容格（Ernst Jünger）一九二〇年代出版的一戰回憶錄《鋼鐵風暴》（In Stahlgewittern）。

† 譯註：法國著名作家，本職為醫生，因反猶思想以及二戰時與納粹合作充滿爭議，本篇稍後會提及反猶。

traveller）。他們是共產主義的同情者，但不清楚具體的黨綱政策，也不擔負任何黨員的義務。他們只是對蘇聯的實驗懷抱著抽象的同情，並受到社會主義新生活形式的實驗所吸引。他們將蘇聯勢力視為盟友，共同對抗資本主義以及明顯即將爆發的戰爭。基本上他們對蘇聯沒有具體的概念，蘇聯不過是他們夢想中的國度，是對資本主義這種他們熟悉但反對的東西的一種反面投射。

這些同路人的基本想法大約可以概括如下：蘇維埃俄羅斯可能並不完美，但「他們」至少有勇氣嘗試，而且不管如何，他們總是較不邪惡的那一方。許多人都想親眼看看那裡到底發展得如何，所以年輕的克里斯汀．迪奧（Christian Dior）與知名的艾莎．夏帕瑞麗（Elsa Schiaparelli）都動身東行，其他人則伺機而動，像勒．柯比意便參加蘇維埃宮（Dvorets Sovetov）設計競圖，甚至承攬蘇聯中央統計局的建設工程——與他的蘇聯同行尼古拉．科利（Nikolai Kolli）建築師聯手合作。[99]

定期在巴黎－莫斯科線上來回的通勤者還有路易．阿拉貢（Louis Aragon）與妻子愛爾莎．特奧萊（Elsa Triolet），以及愛爾莎的妹妹莉亞．布里克（Lilya Brik），莉亞是蘇聯詩人弗拉基米爾．馬雅可夫斯基（Vladimir Mayakovsky）的情人，也是史達林時代沙龍的重要主持人之一。一九三四年安德烈．馬爾羅、吉恩－理查德．布洛赫（Jean-

Richard Bloch）以及保羅・尼贊（Paul Nizan）參加第一屆蘇聯作家代表大會；一九三七年路易－斐迪南・賽林拜訪列寧格勒，並在之後發表的反猶文宣《關於屠殺的一些小事》（*Bagatelles pour un massacre*）中提到那次旅行。而安德烈・紀德是真正嚴肅面對蘇聯之旅的作家之一，他在一九三六年甚至站在列寧陵墓上對一群運動員發表演說。但沒過多久，他就修正了自己對這個國家的天真印象，而這也使他受到許多忠於莫斯科的左派人士攻訐與非難。[100]

一九三五年，在巴黎舉辦的「第一屆國際作家捍衛文化大會」（First International Congress of Writers for the Defence of Culture）可說是這段法俄交會歷史的高潮。參加此次大會的，除了安娜・西格斯（Anna Seghers）、海因里希與克勞斯・曼兄弟（Heinrich & Klaus Mann）、貝托爾特・布萊希特（Bertolt Brecht）、里昂・弗伊希特萬格（Lion Feuchtwanger）等德國作家之外，知名蘇聯作家伊利亞・愛倫堡（Ilya Ehrenburg）與《齊瓦哥醫生》作者暨諾貝爾文學獎得主鮑里斯・巴斯特納克（Boris Pasternak）也出現在會場。然而，莫斯科接二連三的政治事件，首先是作秀公審（show trial），受審者自證其罪的各種荒謬舉措，以及許多知名的革命份子遭到處決的命運，最後，蘇聯一九三九年簽下的《德蘇互不侵犯條約》，更是導致道德破產，舊左派的「人民陣線」（Front populaire）

終於走進歷史。[101]

這段巴黎與莫斯科幾十年來建立的關係，頗為矛盾地在米哈伊爾．布爾加科夫（Mikhail Bulgakov）的小說《大師與瑪格麗特》（*Мастер и Маргарита* / *The Master and Margarita*）中留下痕跡。布爾加科夫在新經濟政策時期，動手寫下這本被譽為魔幻寫實開山之作的小說，並於一九三〇年代完成。與這段歷史有關的是在〈黑魔法與其內幕之揭露〉這一個篇章[102]。故事發生在秀場中，有小丑、身著舞衣舞裙的金髮舞者，還有塗著厚厚白粉、一臉蒼白的秀場主持人喬治．孟加拉斯基（George Bengalski），及主持這場秀的魔術大師沃蘭德先生（Monsieur Voland），與他帶著一個瘦瘦高高、名叫「巴松管」的助手和一隻大胖黑貓的表演。他們站在高高的舞臺上，宣稱要找出發生在莫斯科人外在及內在的轉變。接下來就是各式各樣的魔術，盧布鈔票滿場飛，黑貓扯下主持人的頭，然後又把頭安回原位。下一場魔術舞臺則變成時裝工坊，明顯是模仿巴黎精品時裝店的模樣。表演到了最後，人人跑來跑去搶衣服，布爾加科夫將部分的巴黎縮影搬上舞臺：

頃刻間，舞臺鋪上了波斯地毯，巨大的鏡子立了起來，並從旁打上淺綠色的燈光。鏡子與鏡子之間擺上玻璃櫃，觀眾驚喜地發現，裡面陳列的竟是各種顏色與款式的巴黎女裝。其他玻璃櫃則裝滿了數百頂女帽，有羽毛的、沒羽毛的，有扣帶的、沒扣帶的，全都在裡面；還有各式各樣的鞋子，黑鞋、白鞋、黃鞋；材料有硬皮、緞面或軟皮，有鞋帶及寶石裝飾。鞋子與鞋子之間則擺滿了香水瓶，還有堆積如山的手提包，用羚羊皮、麂皮或絲綢製成；其中還有一堆一堆的小金色長管，顯然裡面裝的是口紅。

突然，一個穿著黑色晚禮服的紅髮女人出現了，鬼才知道她從哪裡來！看起來算得上是個漂亮的女人，可惜被脖子上詭異的傷疤毀了大半，她帶著一臉精品店主完美的笑容站在玻璃櫃旁。

「巴松管」帶著諂媚的微笑宣布，他的公司正舉辦「舊衣舊鞋換巴黎時裝」活動。不只衣服鞋子，他說，手提包等等其他用品也包括在內。

胖黑貓雙腳擺出屈膝禮的姿勢，並用前爪做出門房歡迎客人的姿態。

紅髮女人則用沙啞但不失優雅的嗓音，低聲說出一連串令人費解的詞語，但從坐在正廳觀眾席裡女人的臉上表情來看，應該非常吸引人。

「嬌蘭、香奈兒、蝴蝶夫人、黑水仙*、『香奈兒五號』、晚禮服、雞尾酒禮

* 譯註：蝴蝶夫人（Mitsouko）為嬌蘭傳奇香水、黑水仙（Narcisse noir）為卡朗（Caron）傳奇香水。

服……」

「巴松管」擺出熱忱的工作態度，黑貓彎腰鞠躬，紅髮女人打開玻璃櫃。

「請上來吧！」「巴松管」大聲宣布：「千萬不要害羞，也別客氣！」

接下來觀眾陸續有人舉手，走上舞臺。每個上臺的人都得到了一瓶香水，作為今晚的紀念。

「我們公司請您接受這個紀念品。」說著，「巴松管」遞給她一個打開的盒子，裡面裝著一瓶香水。

「謝謝！」棕髮小姐倨傲地回答，下了舞臺朝著正廳觀眾席走去。而觀眾們見狀，紛紛站起來搶著摸那瓶香水。[103]

布爾加科夫顯然認為他的讀者必定知道什麼是「香奈兒五號」，巴黎精品服飾店的世界在這裡成了一種氛圍的展現，香水也扮演著重要的角色：觀眾陷入一陣狂喜，香水瓶是「著魔」（Verzauberung）的象徵，整個大廳呈現出一種如醉如痴的狀態。

這場奇景的氣氛、觀眾的行為，特別是被點名的那些香水品牌，全都指向一九二〇年代，新經濟政策時期裡市集式的資本主義。但是發生在〈黑魔法與其內幕之揭露〉裡的事件，也可以當成一種「托寓」（allegory），影射一九三〇年代的混亂，混雜著瘋狂、對救贖的渴望與絕望，這是社會在大清洗的躁動下呈現出來的恍惚狀態，在這樣的狀態裡，真或假，現實與虛構已然無法區分辨明。[104]

奧古斯特·米歇爾的未竟之志

「蘇維埃宮」香水

廣告海報中，
一個巨大的香水瓶融合在克里姆林宮塔的剪影中，
彷彿宣示著香水與權力世界的合而為一。

1937年巴黎世博會，圖右側即是蘇聯展館

一九三七年五月到十一月，巴黎再次舉辦國際展覽，這個城市再度湧進數百萬的訪客。此次展覽最吸引人的，是聳立在戰神廣場（Champ-de-Mars）上、艾菲爾鐵塔前的德意志帝國展館以及蘇聯展館，對峙的兩者象徵著兩個世界、兩種制度的衝撞。由建築師鮑里斯・伊凡（Boris Iofan）所設計的蘇聯展館，對著阿爾伯特・施佩爾（Albert Speers）所設計的納粹德國展館擺出示威的姿態：蘇聯展館上矗立著由雕塑家薇拉・穆欣娜（Vera Mukhina）設計的一對「工人和集體農場婦女」（Рабо́чий и колхо́зница / Worker and Kolkhoznitza Woman）雕像，兩人一人一手向上高舉，擺出一副向前衝的姿態，對面德國館的入

口則挺立著兩個裸男的宏偉雕塑，這是雕塑家約瑟夫·托拉克（Josef Thorak）題名為「同志」（Kameradschaft）的作品。兩座建築，兩種政治制度，兩種世界觀，一場左右歐洲接下來數十年命運的強權互相較量的展示。[105]

一九三七年的世界，正處於轉變之中，一戰後建立的世界秩序已然崩毀，戰爭的跡象已漸成形：一九三五年墨索里尼進軍阿比西尼亞（Abyssinia）*；一九三六年德意志帝國佔領並重新在萊茵區進行軍事化行動，納粹在柏林奧運會上展現雄風；一九三八年德國併吞奧地利，「帝國水晶之夜」（Reichskristallnacht）的反猶大暴動，還有吞併蘇台德（Sudetes）與瓜分捷克斯洛伐克的《慕尼黑協定》。在蘇聯，粗暴的農業集體化政策奪走了數百萬條性命，強制工業化及大清洗的混亂犧牲了數十萬人，直到史達林終於鞏固了他的獨裁專政。同樣在一九三七年，西班牙陷入了內戰、以及即將到來的種種衝突與爭辯：在巴黎的國際展覽上，畢卡索名作《格爾尼卡》（Guernica）在約瑟夫·魯伊斯·塞特（Josep Lluís Sert）設計的西班牙館中展出。地主國法國本身則面臨大蕭條造成的後果，在經年累月的大罷工以及極右派的示威運動後，「人民陣線」終於掌權。

* 譯註：今之衣索比亞。

同樣在一九三七年，應該也是為了蘇聯參加世博會，馬克西姆・高爾基（Maxim Gorky）創辦的雜誌《我們的成就》（*Nashi Dostizheniia / Our Achievements*）刊登了一篇米哈伊爾・洛斯庫托夫所撰寫，關於調香師奧古斯特・米歇爾（如今已按照俄國習慣，在姓名中加入父親名字，成了奧古斯特・伊普利托維奇・米歇爾）的生平以及蘇聯香水工業的文章，這也是一篇以深入訪談作為底稿所發展出來的文章。[106]

這場訪談內容是關於香水，以及一位孤獨法國人身在莫斯科的感受，在大恐怖及作秀公審的時代，「布爾什維克親衛隊」及將領間忙著彼此清算鬥爭，更有數十萬無辜的人民遭到逮捕或殺害。在四處充斥著謠言、猜忌，以及滿布間諜、反動份子、及第五縱隊等種種陰謀論，加上奧古斯特・米歇爾出生於法國，且以「資產階級專家」（簡稱spets）的身分，長久以來在蘇聯香水工業位居領導地位，這樣的人、這樣的背景，根本就是史達林大清洗的最佳人選。

這場訪談在米歇爾的工作場所進行，也就是位在莫斯科河畔區（Zamoskvorechye）的新黎明工廠。採訪者洛斯庫托夫對這個場所有很詳細的描述：訪談時可以看到後面的實驗室，裡面有人正在調製或測試香水。來自世界各地的各種香精，在此混合調製。工作室裡擺滿瓶瓶罐罐，還有實驗室專用秤、水浴鍋、燒瓶，以及貼上標籤的索引盒，標籤上全都註明著各種香精的拉丁文名字，穿著白色實驗衣的工作人員四處穿梭。米歇爾蓄著鬍鬚，外表與法國總理喬治．克里蒙梭有些神似。工作人員總是親暱地稱呼他為「我們的總理」、「我們的米歇爾」或是「香水總理」，他這一生，都是在香水世界度過。他每天回家，總是帶著沾上香水樣品的試香紙。他主要用鼻子工作，嗅覺引起的情感，與其他感官知覺比較起來，並不會比較簡單或比較拙劣。嗅覺總是容易被人低估，儘管它比精密的化學分析更加厲害微妙。

米歇爾的嗅覺是受過訓練的。在訪談中，洛斯庫托夫詢問了米歇爾這位在革命前任職布羅卡公司的調香師，關於他童年及青少年的經歷。洛斯庫托夫出生於一九〇二年，對像他這樣較年輕的一代，布羅卡公司幾乎已是歷史名詞。他們聽過這個名字，就像記得革命前香菸品牌「奧斯曼」（Osman）的廣告，「蘭德林」（Landrin）的糖果包裝，以及可可粉廣告海報「我喝凡荷登」（I drink Van Houten），「艾任」（Einem）及「葛歐格斯柏曼」（Georges Borman）廠牌的餅乾，或者布羅卡公司生產的「鵝羽毛」化妝粉。這一系列的產品還有名為「玉蘭花」、「山茶花」，以及「祖母的花束」等等當時由米歇爾大師在公司裡調製出來的產品，如今這個公司已屬於蘇聯政府了。

洛斯庫托夫回顧了米歇爾在坎城的童年，那個有著香水與體育活動的世界，以及在蔚藍海岸度過的青少年時期——那些令他從鎖匠之子變成調香師的所有經歷。米歇爾很幸運不必服兵役，直接接受藥劑師的訓練，這種職訓背景在調香師中相當普遍。接著，他在瓊卡（Chonkar）香水公司裡的一位名叫皮克（Pike）的師傅底下，學習調香師的種種技能，之後轉到位於馬賽的拉莫（Lamotte）公司，最終來到俄羅斯。當時對外國化妝品、製藥及香水公司而言，俄羅斯具有巨大的商機。文章敘述至此，又提及布羅卡公司創辦人根里克．亞凡納西維奇．布羅卡的生平經歷，談他冒險來到俄羅斯開創事業第二春，是成功將奢侈商品變成大眾產品的第一人。

在與洛斯庫托夫的談話中，米歇爾提到布羅卡公司獲得的多項國際大獎，也提到布羅卡先生曾是藝術贊助者，並將個人收藏開放給大眾欣賞。不過，米歇爾同時也與一九一四年公司週年紀念特刊裡所見的那個過於理想化的世界保持距離：裡頭避而不提工人罷工，當然也不會提到一九〇五年的革命。從紀念特刊中典型的團體照片，也可以明顯看出公司裡的階級，從管理階層、工程師、會計人員到工人團體，層級分明，但卻呈現出一團和氣、沒有階級鬥爭的假象，投射出資產階級典型的自我滿足。

洛斯庫托夫在此描繪出米歇爾從「法蘭西共和國公民」變成「忠誠的蘇聯公民」的人生歷程，而這同時也是布羅卡香水公司變成規模最大的社會主義香水廠的過程，一段從資本主義的私有經濟制度，過渡到社會主義計畫經濟的過程。

而導致這一切的，是一個意外，這種意外在革命與內戰的動盪中並不罕見。當時，俄羅斯的法國人社群已離開，但俄文不怎麼好的米歇爾卻留了下來。當時他所屬的工廠已經收歸公有並停止生產，工廠變成印刷廠，專門印製蘇聯鈔票。但意外發生了：他弄丟護照，無法回到法國，只能留在莫斯科。他從前的工作單位的老員工組織了一個「黨細胞*」，派代表去見列寧，因而得以繼續生產香水。這些人想起了他這個法國人，米歇爾也就得以重新回到工作崗位。雖然這時候他已經可以離開這個國家，但他決定留下來。蘇聯當局答應他的條件包括以強勢貨幣支付他的薪水、水療區度假，以及出國許可，但他馬上投入工作，為這個如今已是全世界規模最大的香水廠效勞。這時按照新綱領，蘇聯當局給這批老資產階級專家重新調整了待遇。這些人在第一個五年計畫（一九二八至一九三二年）時是文化革命整肅專家的受害者，如今又成了蘇聯政府成功招募舊知識份子復工的珍貴樣板。

米歇爾投入工作，以木頭刻出香水瓶的模型，風格類似拉利克、霍比格恩特或寇蒂的設計。這個由工人及農民組成的新社會應該要理解，專家就算是舊知識份子出身，也跟

---

* 譯註：政黨最小的組織單位。

鼻子這個器官一樣，對香水這個行業來說是不可取代的。米歇爾大師應該要有自己的實驗室，可以收學徒，好將他的知識與技藝傳承下去。無產階級政府願意提供這位資產階級專家優渥的待遇，例如住屋、療養中心休養以及汽車等等，但最重要的還是社會聲望的提升。

奧古斯特·米歇爾這位從昨日世界掉出來的資產階級專家，在十月革命二十週年紀念的前夕，有了一項重要的新任務，那就是調製出一款全蘇聯最精緻、最高級的香水：一款名為「蘇維埃宮」的香水，具有足以表達出精湛工業技術的香氣。這是一款最精緻的頂級香水，一款屬於新時代、工業技術創新時代的香水，一款超越紫羅蘭、晚香玉（tuberose）及風信子等香氣的香水。只是，一款表達工程技術傑出典範的香水，聞起來該是什麼味道？代表史達林時代的香氣又該如何組成？對於這些問題，米歇爾相當遲疑，也懷疑是否有人會買一款聞起來像水泥、鋼鐵及砂漿味道的香水。不過他還是接受委託並著手開始工作：引領時代的香氣要像當時世界最高的建築「蘇維埃宮」（Dvorets Sovetov）一樣，那將是一個沒有階級區分的新時代社會的議會大廈，有宏偉的雕像朝著莫斯科的天空向上伸展，而四百五十公尺的高度，將會使得雕像大半消失在雲霄之中。

參加這座蘇維埃宮競圖的設計師包括勒·柯比意、埃里希·曼德爾頌（Erich Mendelsohn）、華特·葛羅培斯（Walter Gropius）以及韋斯寧（Vesnin）兄弟。獲選的建

鮑里斯．伊凡所設計的蘇維埃宮模型

築設計必須比紐約帝國大廈或日內瓦國際聯盟總部「萬國宮」（Palais des Nations）還要雄偉輝煌。而蘇維埃宮不僅僅只是一座雄偉的建築，同時也是一個標誌性建築，它取代了基督救世主主教座堂——這座位於莫斯科中心，俄羅斯正教最大的新拜占庭風格的教堂建築。這座主教座堂在一九三一年遭到炸毀拆除的命運，如今在一九三七年，鮑里斯．伊凡所設計的塔樓建築正是緊鑼密鼓地施工的時候*。十月革命二十週年時，全蘇維埃國都期待著這座全世界最高的建築所帶來的新勝利，與代表新時代的終極香氣——「蘇維埃宮」香水。只是，伊凡設計的塔樓變成了一九三七年巴黎世界博覽會上的蘇聯館，贏得無數的讚美，而另一個香水計畫卻未實現。[107]

原因是審核米歐爾調製結果的藝術委員會，不滿意「建設香水」的結果，轉而選擇了

*編按：為了興建蘇維埃宮，史達林下令炸毀原址上的基督救世主主教座堂，但是工地隨即被莫斯科河的河水淹沒，導致工程延誤，後又因莫斯科受二戰戰火波及而停工。此後蘇維埃宮便未再復工。

另一款名為「五一」之類的香水。但觀眾對「五一」這款香水反應相當冷淡。根據採訪者洛斯庫托夫的說法，藝術委員會就像虛偽的衛道之士，拒絕「卡門」這種受歡迎的香水，只因名字會讓人聯想到賭場或浪女。在他眼中，那些藝術委員會的成員就像莫里哀筆下的偽君子「塔爾杜夫，只會幫肉丸改名，而不是想辦法改善」。那些人應該捨棄像「五一」之類造作的香水，維持從前古老美麗的名字就好。米歇爾同意他的說法：「『正是如此！感謝你也這麼說。』法國人對我說，一邊伸手與我握手。接著他也跟我說了很多他對調香師這個職業以及個人的種種不滿。」例如「奧勒岡」與寇蒂早已過時，但蘇聯人仍然毫無知覺；或是巴黎香奈兒香水一瓶就要五千法郎，這自然太過誇張。米歇爾指出蘇聯香料生產量驚人的增長，但他強調這仍然遠遠不足，同時呼籲積極鼓勵種植香料，並在圖拉（Tula / Тула）設立香水生產大廠，就像「香水界的聶伯河水力發電廠」那樣，這裡米歇爾引用才剛完成、全世界最大的水壩及發電廠來做比較。[108]

奧古斯特・米歇爾這位來自舊制度時期、歷經俄羅斯內戰動盪而存留下來的專家，接受命運的安排參與重建蘇聯香水工業，而香水及化妝品在革命後一度被視作資產階級的象徵而遭到唾棄，如今香水及化妝品工業終於獲得平反，他也因此受益。新興的階級，也就是人口因為工業化而湧進城市所形成的新中產階級，能夠也應該負擔得起化妝品、香水和時裝，這些民生用品將會在計畫經濟的基礎下，為廣大的客群生產。

事實上，一九三〇年中期莫斯科的外交官夫人及外國遊客，都對當地時尚圈的巨大變化感到驚訝。商店櫥窗及時尚工坊呈現出的景象，與巴黎或紐約雷同，裡面展示的時裝，同樣可以放在西方世界展示。只不過，在這裡，這樣的時尚僅存在櫥窗裡，與日常生活完全是兩回事。蘇聯婦女形象在這個時期又出現轉變，再度強調起母親及家庭守護者的身分，且可以無須受到良心譴責，安心地享受屬於她們的安適，追求種種在當時名為《穿衣的藝術》或《工坊》等蘇聯時尚雜誌廣告中出現的首飾、配件及服裝。她們所追求的不再是簡單、純樸，而是「出色、古典、獨一無二而且高貴」。[109]

義大利裔法國時裝設計師艾莎．夏帕瑞麗在訪問莫斯科期間，對當地服裝雪紡紗的氾濫程度，以及用皮草當襯裡的連身裙等狀況大為驚奇。她的建議如「衣服應該簡單實用」，完全不被接受。這種翻天覆地的變化，表現在眾多的時裝秀、海報和廣告中，特別是一九三五年在莫斯科開幕的「原型之家」。「原型之家」這個機構的主要任務是如何以簡化、標準化及廉價化為準則，大量生產那些原來須經過繁複手工程序才能達到的高品質產品。要達到這個目標，首先必須解決一大矛盾：一邊是一種僅存在潛意識裡的氛圍及感受，雖然漸漸顯露雛形，但仍無從計畫起的時尚；一邊則是要將時尚變成一個能事先規劃好的生產計劃。在這種情況下，時尚，包括香水在內，已不再是一種突發且無法預見的「對未來的預感」（華特．班雅明），並且不是基於「紊亂無序的市場」，而是「以學術為基礎」，一種長期有效的設計。計畫經濟體系與不斷改變的時尚互相矛盾。「在史達林主義下所建立的強大官僚系統，以僵化、階級森嚴，及過度集中管理的方式管理工廠，同時也決定了時尚該如何運作，直到社會主義走上絕路為止。這種由上至下的領導方式，使得社會主義國營紡織廠不可能根據顧客需求生產，而是迎合上級的要求，畢竟資金分配及計畫規定都必須遵從上級指示。」110

在紡織品及服飾店前大排長龍的經驗，是大多數蘇聯民眾生活中的家常便飯。而周旋於一個毫無理性，既脫離現實又毫無彈性，完全忽視供需原則的系統，也同樣讓蘇聯民眾習以為常。這樣的系統，簡單地說，就是為了要遵從計畫，任由冬天供應夏裝，夏天供應冬裝，或者製造出一堆顧客根本不感興趣的香水。

就連香水工業也要以計畫經濟為基礎進行重組，在五年計畫的狂熱下，就如米歇爾所說，要像一九二七年至一九三二年間，在聶伯河畔建立歐洲最大的水力發電廠那樣，打造一個「香水界的聶伯河水力發電廠」。米歇爾立下了「蘇聯香水學派」，在他之後，他的徒弟帕維爾．伊萬諾夫及亞力克榭．波古德金，決定了蘇聯香水的發展走向。在米歇爾所處的時代，華特・班雅明曾懷疑過，當時尚產業納入計畫經濟，產量大增且購買者人數大幅提高之後，或許也將付出高昂的代價，時尚——原來是社會氛圍最敏感的表現，是一種「對未來的預知」——或許會因此消逝，不復存在：「或許，時尚消逝，至少在某些方面，是因為跟不上變化的速度（例如在蘇聯）？」[111]

奧古斯特・米歇爾在一九三七年後的遭遇無人知曉，文獻並未留下蛛絲馬跡，因此只剩下推測：在與蘇聯妻子結婚後，米歇爾可能改名換姓繼續在莫斯科生活；也可能離開莫斯科，不為人知地消失在遼闊的土地上。不過，他的失蹤應該與「葉若夫時期」（Yezhovshchina），也就是大清洗，脫不了關係。米歇爾是外國人，除了蘇聯國籍之外，他還擁有法國國籍；他的外國專家身分，很容易被視作間諜、破壞份子或特務。除此之外他還是資產階級份子，而且專門生產奢侈品——光這一點便注定要遭受迫害。與他一樣下落不明的，還有和他一起從布羅卡公司轉到「新黎明」的設計師安德烈・伊夫塞耶夫。[112]

相較之下，訪問米歇爾的米哈伊爾・洛斯庫托夫，之後的遭遇倒是留下了清楚的紀錄。一九〇二年生於庫爾斯克（Kursk）的洛斯庫托夫，是蘇聯作家協會的成員，根據著名作家康斯坦丁・帕烏斯托夫斯基（Konstantin Paustovsky）的說法，他是一位才華洋溢的新生代作家，生前最後登記的住址，是莫斯科卡萊尼街三號之二號房。一九四〇年一月十二日，洛斯庫托夫被捕，因「參與恐怖組織的反革命活動」，被最高軍事法庭判處死刑，並在一九四一年七月二十八日槍決，這時德國已開始對蘇聯發起進攻，當時內務人民委員部（НКВД / NKVD）*在德軍日漸逼近的狀況下，經常處決囚犯。[113]

一九三七年巴黎世界博覽會的蘇聯館，呈現出一幅蘇聯生活的全景圖，其中包括設計、時尚、配飾及化妝品，蘇聯設計界及香水界的高級官員也全都來到巴黎。假使奧古斯特·米歇爾也在那裡，很可能就會見到歐內斯特·博。博當然也會參與這場盛會，就像其他住在法國的俄裔人士一樣，就連達基列夫遺留下來的舞團也出現在艾菲爾下展區的表演節目上。四百二十公尺高的「蘇維埃宮」模型是博覽會熱門景點之一，然而與之相稱的香氣卻未出現在展場之中。要到一九三九年，「紅色莫斯科」才在莫斯科新建的「人民經濟成就展示場」（VDNKh）舉辦的「蘇俄全聯輕工業展」上獲得殊榮。在亞歷克賽·沃特（Alexei Volter）所設計的廣告海報中，一個巨大的香水瓶融合在克里姆林宮塔的剪影中，彷彿宣示著香水與權力世界的合而為一。[114]

---

* 譯註：蘇聯在史達林時代主要政治警察機構，也是大清洗的主要實行機構，成立於一九三四年，一九四六年解散。

迷人的權力香味

可可．香奈兒及波林娜．熱姆丘任娜
——二十世紀的兩種人生

她們投身於牽動世界歷史發展、
動盪不安的漩渦中，
那裡攪亂一切，但同時也提供機會發展，
而這是在戰前井然有序的世界裡不太可能發生的事。

俄國革命這個歷史事件，導致革命前的「凱薩琳大帝的花束」演變成「香奈兒五號」及「紅色莫斯科」。分叉的兩條線發展，展現在歐內斯特・博（巴黎）及奧古斯特・米歇爾（莫斯科）的傳記裡，也具體呈現在一家名為「香奈兒」的私人企業，與蘇聯國營托拉斯「特哲」不同的生產線上。兩者都是在烽火連天的艱困時代中，對美好的渴望，同時也象徵著與過往世界的決裂。

即使是香水，也不可能不受時代權力及誘惑影響。如今也是時候，應該追查香水世界與權力光環之間的聯繫了，[115]這樣的關聯原本就存在，毋須建構，只等著被人發掘。

對可可・香奈兒及她所處的世界，我們雖然不是無所不知，但也算知道得很多。不過，另一個世界呢？那個有著「新黎明」香水廠及其所製造出來的香水——尤其是當中最富盛名的「紅色莫斯科」的世界？可可・香奈兒的名氣與重要性，都讓人無法忽視她的存在。但我們對波林娜・熱姆丘任娜的認識，大半停留在她是蘇聯外交部長維亞切斯拉夫・莫洛托夫的妻子，以及，她在史達林時代曾被流放五年。但我們並不知道，她在蘇聯的香水及化妝工業發展上，曾經扮演舉足輕重的地位。[116]

一八八三年八月十九日，嘉柏麗・香奈兒出生，在法國鄉村長大。她很早便進入上流社會的生活軌道，不是因為她想從政，而是因為她總是結交有錢有權的男伴，因此被捲進

辦公桌後的波林娜・熱姆丘任娜

權力的漩渦。[117]在這些男人的眼中，她只是個附屬品。但香奈兒並不是那種會放棄自我與自主權的女人，反而比較像是懂得利用男人的女人，即便她只是將那些男人的生活世界及經驗，當成一種終身學習的場所，藉此接觸自己出身環境無法提供的社交生活，並將見多廣識的儒雅舉止內化成自身的生活態度。身為一位美麗、機智，遍覽群書且風趣詼諧的女伴，她意外地結識了不少手握大權的人，並學會如何廁身於他們的世界：參加耶田・巴爾森於貢比涅（Compiègne）附近的羅亞呂城堡舉辦的狩獵活動，成為英國花花公子（dandy）「卡柏男孩」的情人。卡柏是克里蒙梭的朋友，跟著他，香奈兒進入多維爾、比亞里茲及巴黎的時尚界。

在巴黎，香奈兒認識了全英國最有錢的人，暱稱「本多」（Bendor）的西敏公爵。多年來，她在這位英國貴族散布歐洲各地的豪宅不斷進進出出，並往返於巴黎及她位在倫敦梅費爾（Mayfair）的住所之間。她與溫斯頓．邱吉爾也留下不少合影，邱吉爾是她的愛慕者，她一直與他保持密切且深具意義的關係。塞繆爾．戈德溫（Samuel Goldwyn）將她帶到洛杉磯，讓她不僅能幫明星著裝，還能研究現代大眾消費市場的運作方式。在成為知名時尚設計師後，她還曾接待過威爾斯親王，也就是後來的愛德華八世及溫莎公爵，並與他建立起直呼其名「大衛」的關係。她也曾在自己的別墅安置了一位羅曼諾夫沙皇家族成員，她不僅接受他的感情，也接受他反動的世界觀。儘管在公眾面前，她是不碰政治的時尚偶像，但在兩次大戰期間，特別是「人民陣線」當政，時局動盪不安時*，她的政治觀點在他所屬的社會圈裡顯得相當鮮明。例如在「人民陣線」時期，她僱用的裁縫師為了薪資罷工，香

穿著水手服的嘉柏麗．香奈兒與她的狗

奈兒認為她們背叛了她的信任，她也在開戰後馬上關店，令員工丟掉飯碗以示報復。

而她在一九四〇年至一九四四年德國佔領法國期間，更是與德國人合作。這段後來被視為醜聞的歷史，在香奈兒眼裡只不過是她一貫的個人作風，是一個自認完全獨立且對政治冷感的人會做的事而已。雖然她也覺得法國戰敗、德國佔領巴黎是件不幸的事，可是日子還是得繼續過下去，只是情況不同罷了。[118] 她繼續住在凡登廣場上麗茲酒店的（Hôtel Ritz）個人套房裡，這裡此時也成了德國佔領政權高官以及來自帝國的訪客最高級的落腳之處。她一如既往地在酒店餐廳用餐，坐在納粹官員之間。即使在戰時物資短缺的狀況下，這裡仍能端出精緻的菜餚。她也一樣能找到優雅帥氣的情人，只不過這回剛好是德國人——漢斯・鈞特・馮丁克拉格（Hans Günther von Dincklage）男爵。兩人雖然在法國戰敗前就認識了，但他此時為第三帝國的偵查與安全部門工作，是德國大使館裡的特務，專門負責間諜及政治宣傳工作。

香奈兒活躍在德法社交圈中，參加各種展覽開幕式、晚宴和招待會，也曾兩次前往柏

---

* 編按：由多個法國左翼運動團體合組的人民陣線，在一九三六年至一九三八年執政，期間法國面臨通貨膨脹、失業率居高不下等問題，內政與財政問題日益惡化。

林，為了被逮捕到第三帝國做苦力的外甥奔波，而讓她的外甥得以獲釋的交換條件，是她必須協助德國與英國政壇高層接觸聯繫，特別是跟她的老朋友溫斯頓．邱吉爾——現在已經成了英國首相，且還是希特勒納粹帝國的堅定反對者。特別是在帝國晚期，這些連繫的目的是去試探德國與英國之間有無片面達成和平，共同轉向打擊布爾什維克主義的可能。香奈兒在柏林會見帝國安全總局的瓦爾特．施倫堡（Walter Schellenberg），下榻處是在當初恩斯特．馬里爾（Ernst Marlier）委託建築師保羅．保姆加騰（Paul Baumgarten）在大萬湖（Großen Wannsee）邊建造的別墅裡。而這個場所，也在所謂的「猶太問題最終解決方案」中扮演重要角色。

香奈兒與納粹德國合作的通敵行為並非傳聞。巴黎解放後，法國法庭紀錄中地下反抗軍的證詞，以及德國當局留下的檔案資料，都能證實此事為真。[119]這些證據，雖然無法證實是否有人因為她的行為而遭受了人身傷害，不過，重要的是，或許正是這種看似平常、在日常生活裡默默進行的共謀與合作，使得血腥鎮壓抵抗的佔領政權，以及將成千上萬法國猶太人送上死亡之途的維琪政府，能夠維持著一種正常的假象，彷彿都會生活一切如常，只不過官員的身分有些不同而已：特別是那些操著一口流利法文又有教養的德國人，他們從小就對法國文化充滿熱情，無法想像歐洲沒有法國文化。

這些官員之中有人對法國瞭若指掌，有人是作家，有人崇拜法國。在納粹占領的其他東歐城市中，就幾乎看不到這類官員。此外，大使館裡的成員，不少也是真正懂法國的行家，像奧托・阿貝茨（Otto Abetz）或之前提到的漢斯・鈞特・馮丁克拉格，還有著名作家如弗里德里希・希伯格（Friedrich Sieburg），他一九二九年出版《上帝在法國？》（*Gott in Frankreich?**），為德國讀者講述法國文化的美好。以及雕塑家阿諾・布雷克（Arno Breker），在巴黎有間工作室。一九四〇年六月二十三日清晨，他甚至陪著造訪巴黎的希特勒，一同漫步在巴黎街頭。同樣也是這位雕塑家，在佔領期間住進一間位在巴黎聖路易島（Île de Saint-Louis）「亞利安化」的豪華公寓，主人是海倫娜・魯賓斯坦（Helena Rubinstein），美容沙龍的創始者及全球知名國際化妝品品牌的創辦人。[120]

對德國佔領政權的威望來說，有巴黎社交圈名人的「參與」無比重要。而這些人的參與不僅是因為壓力，像尚・考克多或謝爾蓋・里法為穿著黑色制服的俊美男人著迷，並不是什麼祕密。而他們在昔日同行老友馬克斯・雅各布（Max Jacob）面臨死亡威脅時，一樣無能為力：雅各布死在法國德朗西（Drancy）等待轉運的集中營裡，他的兄弟姊妹則慘

* 譯註：德文諺語「如上帝在法國的生活」意即愉悅無憂的生活。

死在奧斯威辛集中營。[121]

巴黎，是有教養的德國人心所嚮往之處，是高尚優雅的表率，如今被德國軍人及情報特務人員所佔，香榭里舍大道成了勝利者的閱兵場。在清晨空無一人的城市裡，相機拍下元首站在艾菲爾鐵塔前的側影，將勝利與屈辱的瞬間定格。這座城市不僅曾是俄羅斯內戰難民的避難所，也給德國政權裡各種光譜、各種行業的異議份子提供過庇護，這些人當中有猶太人、共產黨人、社會主義者及民權運動者等等，各種無法在家鄉安穩過日子的人。如今避難所已成噩夢，但對那些被指派到此處的平凡小兵卻是天堂，他們何其幸運躲過被分派到東歐戰場的命運。[122]

在法國，特別是在巴黎，有著第三帝國早就失去的東西：一個有咖啡廳、電影院和商店、葡萄酒、起司和香水的時髦生活。香水儼然成了最具法國特色的伴手禮，是派駐至此地的德國士兵送給家鄉情人的最佳選擇。香水瓶小巧玲瓏、方便攜帶，巴黎來的香氣征服了德國保守拘謹的城市，並為夜夜恐懼空襲的生活帶來一絲變化。這也難怪德國士兵一窩蜂地湧進康朋街三十一號搶購香奈兒精品店裡的香水。

趁著德國佔領巴黎，香奈兒也利用機會解決了一個困擾她許久的問題：她在一九二四年與韋特海默（Wertheimer）兄弟所簽的合約中規定，韋特海默公司擁有「香奈兒五號」

大部分的生產及銷售權。正是這份合約，使得這款香水能在國際市場上，特別是在美國，大放異彩。但可可．香奈兒認為自己在合約談判時被擺了一道，因此一直要求修改合約。德國佔領巴黎給了她一個對付韋特海默兄弟的絕佳機會，她利用自己與維琪政權裡的律師與政客的良好關係，透過法國版本的「亞利安化」規定，拿回部分的香水銷售權。香奈兒從不掩飾她討厭猶太人，或許是成長過程中受到聖十字會修女的影響；或者，因為她與俄羅斯皇室流亡貴族的親密關係，使她相信猶太人與布爾什維克之間的密謀；又或是因為她堅信自己被生意夥伴——也是猶太人——欺騙的關係。而實際上，皮耶及保羅．韋特海默兄弟以新型銷售手法將「香奈兒五號」成功推進美國市場，一九三九年二戰前夕，紐約舉辦了一場以「明日世界」為題的世界博覽會，會場內美妝館的地基上便嵌著一瓶「香奈兒五號」香水。123

香奈兒當然知道，在美國及戴高樂的軍隊進入巴黎之後會發生什麼事。成千上萬與德國人發生關係的女孩及婦女們，都以「橫向通敵」的關係被趕上街頭，遭受各種羞辱及譴責。但這一切並未發生在可可．香奈兒身上：她僅在麗茲酒店內遭到暫時逮捕，隨後就被帶到整肅委員會接受偵訊。而最諷刺的是，幫她逃過審判的，顯然是一封邱吉爾的來信。之後香奈兒立即前往瑞士，等待風頭過去，在那裡甚至又再次與她的德國關係——馮丁克拉格與施倫堡——接上線，並為重返巴黎舞臺而努力。果然，一九五〇年代中期，她又回到巴黎慶祝復出。[124]

相較之下，想追溯出波林娜・熱姆丘任娜－莫洛托夫的一生遭遇，就麻煩多了。她在西方世界的認知及記憶裡，幾乎沒留下任何痕跡，這位傑出的女性傳記也尚未完成。[125]前蘇聯地區有不少人聽過她的名字與遭遇，知道她不是平凡的人，而且蘇聯猶太人都知道她是個特殊的個案。雖然她是史達林時代蘇聯第二把交椅維亞切斯拉夫・莫洛托夫的妻子，卻仍在一九四九年被指控與錫安主義*的圈子保持聯繫，因而遭到逮捕並被審判流放。五年後當史達林去世，波林娜馬上在祕密警察首腦拉夫連季・貝利亞（Lawrenti Beria）的命令下重獲自由。

但波林娜不只是黨政要員的妻子而已，她也與蘇聯化妝暨香水工業的重建有莫大關係。據悉也是她的緣故，「紅色莫斯科」這款蘇聯有史以來最受歡迎香水的瓶蓋，才會設計成克里姆林宮的洋蔥尖塔。[126]

波林娜・熱姆丘任娜出身貧窮的猶太區，一八九七年二月二十八日生於葉卡捷琳諾斯拉夫省（Yekaterinoslav），今屬烏克蘭札波利扎（Zaporizhzhia）的波洛吉（Polohy），父親所羅門・卡普夫斯基（Solomon Karpovsky）是裁縫師。從一九一〇年起，還是青少年的她就在葉卡捷琳諾斯拉夫的一家菸草工廠工作。葉卡捷琳諾斯拉夫就是今日位於烏克蘭的聶伯城（Dnipro），是當時俄羅斯帝國南部工業化、鐵路交通和銀行業的中心，有百分之四十的猶太人口，也是猶太定居區中重要的猶太生活圈。一九一七年俄國爆發革命時，波林娜在一家藥房當收銀員。當她留在國內渡過革命與內戰時期，幾位兄弟姊妹則在一九一八年離開俄國，先前往英國託管的巴勒斯坦地區，哥哥後來移民至美國，並以山姆・卡普（Sam Karp）之名成為成功的商人，在商業談判中替蘇聯政府斡旋，幫忙購買軍艦，並透過「汽車進出口公司」的名義為蘇聯政府張羅軍需。而波林娜一直到一九三九年，都還與留在巴勒斯坦的姊妹保持通信。

將散見各處的資料拼湊起來，可以得到如下的印象：一九四九年波林娜被捕，偵訊時曾被詰問為何改名，她解釋說自己只是將意第緒語的珍珠改成俄文拼作Zhemchuzhina，這在當時是很常見的做法。一九一八年她加入紅軍，負責宣傳及政治教育，並主持一個政治性社團。一九一九年她被派遣至基輔地下組織工作，不久就拿到哈爾基夫（Kharkiv）核發的身分證，使她在烏克蘭地下組織的工作能夠繼續，這時她證件上的名字已是波林娜・

* 譯註：或稱猶太復國主義。

謝苗諾夫娜・熱姆丘任娜（Polina Semyonovna Zhemchuzhina）。一九一九至一九二〇年間，波林娜是烏克蘭共產黨中央委員會婦女工作指導長；一九二〇至一九二一年受命為札波利扎市委婦女部主任；一九二一至一九二二年擔任莫斯科布爾什維克黨羅戈日斯科－西蒙諾夫斯基（Rogozhsko-Simonovsky）區指導長。上述這些在在顯示出一位意志堅定的年輕女性，在內戰的動盪下仍然致力於婦女工作，特別是在那些紅軍與白軍鬥爭激烈的地區。而這些地區常常爆發可怖的屠殺猶太人事件，大半是由白軍所發動。在這種情況下，就像美國俄裔歷史學家尤里・斯萊茲金（Yuri Slezkine）的著作《猶太人的世紀》（*The Jewish Century*）所說，當時可能的選擇只有移民巴勒斯坦、美國，或者乾脆投入爭奪政治權力的鬥爭。[127]波林娜加入布爾什維克黨時，勝利仍然遙遙無期，而入黨並非沒有生命危險，要有堅定的意志才可能加入。

在她致力於婦女工作時，參加了某次大會，引起當時已經頗具名望的布爾什維克黨人的注意，這個人就是維亞切斯拉夫・莫洛托夫，兩人在一九二一年結婚。結婚之後她自然也進入政治權力核心，她與丈夫以及史達林夫婦共同生活在一間公寓裡，過了一段時間，才終於住進自己的公寓：在走廊的另一邊。

波林娜是史達林第二任太太娜嘉（Nadja）的密友，與她一樣，娜嘉也熱衷參與政治，並且很有主見。在一次在晚宴上，娜嘉受到史達林傲慢粗魯的喝斥後起身離開，拿起自己的左輪手槍自盡。一九五〇年代，從流放地哈薩克庫斯塔奈（Kustanai）回到莫斯科的波林娜，曾與史達林女兒斯韋特蘭娜・阿利盧耶娃（Svetlana Alliluyeva）見面。斯韋特蘭娜的回憶錄中提到娜嘉——全名為娜傑日達・阿利盧耶娃（Nadezhda Alliluyeva）——寫到她在自殺前發生的事：「波林娜也參加了那場晚宴，他們全都目睹那場爭執，也看著媽媽離開，但沒人認真看待這件事。當時波林娜隨著媽媽起身離開，只是為了不讓媽媽落單而已。她們走到外面，繞著克里姆林宮散步幾圈，直到媽媽平靜下來。」[128]娜嘉舉槍自盡後，波林娜也是最先被召喚至史達林垂死妻子床前的第一批人。

波林娜在一九二〇年代顯然在個人專業知識上下過苦功：先是就學於莫斯科國立第二大學工人學院（一九二三年），接著進入莫斯科國立第一大學（一九二五年），然後再轉進莫斯科普列漢諾夫經濟學院（Plekhanov Moscow Institute）經濟系就讀（一九二五至一九二六年）。很快地，她便承擔管理要職：先在新黎明香水公司擔任黨委書記（一九二七至一九二九年），接著成為廠長（一九三〇至一九三二年）。一九三二至一九三六年執掌國營香水托拉斯「特哲」。接著進入食品工業人民委員部擔任要職，一九三六年七月成為香水、化妝品、化工產品及肥皂工業總部負責人；自一九三七年十一

波林娜·熱姆丘任娜，攝於1939年8月

月起，她是蘇聯食品工業人民委員部副委員長。

一九三九年一月十九日，魚類加工食品局從食品工業人民委員部中獨立出來，由波林娜擔任人民委員，成為蘇聯歷史上第一位，也是唯一的一位女性人民委員。據她丈夫莫洛托夫告訴菲利克斯·丘耶夫（Felix Chuev）*的說法，這次任命是史達林親自決定的，他自己並不贊成。[129]一九三九年三月，波林娜獲選為共產黨中央候補委員，進入權力核心。在這一年所召開的第十八屆黨代表大會，本應結束一九三七／三八年的葉若夫時期大清洗（Ежовщина），同時也宣佈了重要的外交政策：大會上史達林發表了所謂的「栗子演說」，表明西方列強在一九三八年慕尼黑會議上已然屈服†，與英法的集體安全體系也不可能實現，因此他也不願「火中取栗」，獨自繼續對抗納粹德國。隔年在一九三九年八月十日，蘇聯共產黨中央政治局決定再次審閱所有波林娜的檔案。

一九三九年十一月，波林娜突然卸任魚類加工人民委員，轉而被任命為蘇俄（RSFSR）輕工業人民委員部紡織和服飾工業局局長。一九四一年二月，第十八屆共產黨中央委員會重組，波林娜失去中央候補委員的身分，身分地位明顯受損，甚至可以用降級形容。一九四六年十月至一九四八年，她在蘇俄輕工業部負責服飾工業局，此後一直到她在一九四九年一月二十六日被捕前，都是蘇俄輕工業部儲備幹部。一九四九年十二月二十九日，她被判處五年流放，一九五三年一月二十一日再次受審，一九五三年三月二十三日獲釋，三月二十五日在內政部特別決議中獲得平反，同一年，她也從政壇退休。

一九三八至一九三九年間必定有事情發生，使得波林娜從政治核心中出局。雖然從未明說，但從今日的角度來看，這件事對十年後的發展有極重要的影響。或許因為她的外國

* 譯註：莫洛托夫傳記作家。

† 編按：英、法、德、義四國於一九三八年簽署《慕尼黑協定》，將捷克斯洛伐克的蘇台德地區「轉讓」給德國。

關係，以及她與在蘇聯境內的外國使節的關係：前者是指她始終與在美國的哥哥及在巴勒斯坦的姊妹保持聯繫，後者則是指她與外國使節圈，特別是美國駐莫斯科大使約瑟夫・戴維斯（Joseph Davies）的夫人瑪裘瑞・戴維斯（Marjorie Davies）的友好關係。[130]

就像大部分的外交官及外交官夫人一樣，瑪裘瑞喜歡逛莫斯科的古董及二手商店，這些地方仍藏有許多寶貝，是如今流落世界各處的昔日貴族，因沒收或被強所取留下來的。在普通的市場或市集上，可以發現尼德蘭畫派的作品、德國麥森（Meißner）或法國賽佛爾（Sèvres）的瓷器、倫琴（Roentgen）的家具以及珍貴皮草。而以波林娜與外交使節的友好關係，可能會連帶產生某些「友好服務」——幫對方取得渴望的收藏品。這類看似無傷大雅的交際，在大清洗時期及「間諜疑雲」之下，卻可能成為致命的威脅。光是與在國外的家人保持聯繫，即使這些人在革命前就已離開這個國家，也已經非常危險了。[131]在人人都有可能是間諜的政治環境中，再單純的社交行為都會招致懷疑，波林娜自然也無法避開嫌疑。美國大使在「斯帕索之家」（Spaso House）*舉辦的各種宴會素有奢華之名，這裡聚集了整個莫斯科，無論是在喬治・F・凱南（George F. Kennan）外交官回憶錄中，或是米哈伊爾・布爾加科夫的文學作品《大師與瑪格麗特》中都曾提到斯帕索之家的盛名。

美國大使約瑟夫．戴維斯曾描述妻子瑪裘瑞受「莫洛托夫夫人」之邀，到莫洛托夫鄉間別墅（dacha）參加婦女餐會，他提到波林娜時，充滿欽佩之意：

瑪裘瑞受邀至莫洛托夫夫人午餐宴會，非常特別！餐會上所有高官夫人，同時也都是技術人員、醫生、工廠領導等等。莫洛托夫夫人是總理夫人，但也是內閣成員。從前掌管漁業事務，如今則負責化妝工業，是一個很特別的女人。光從她創立高雅香水店及美容院的手腕，就可以看出她卓越的組織能力。她與在場的那些工程師、醫生等等認真嚴肅的職業婦女，都覺得瑪裘瑞很有意思。主要是因為瑪裘瑞這樣一個具身分地位的女人竟然也對理性客觀的問題這麼感興趣，而且本身還是一個「有工作」的女人。†據我所知，這種純女性的餐宴在蘇聯也是很新潮的社交方式。132

外交官夫人也同樣對「莫洛托夫夫人」印象深刻：

* 譯註：這棟豪宅自一九三三年起便成為美國駐莫斯科大使館。

† 譯註：瑪裘瑞為食品大亨之女，二十七歲便接手掌管家族事業，晉身全美最富有的女人之一。

在我們參觀香水、潤膚霜等用品製造工廠（是她掌管的四個工廠之一）的那天，莫洛托夫夫人邀請我們到她那裡用餐，我們很高興地接受了。到了約好的那一天，我們從大老遠開車，朝著魯布洛夫卡林區（Rublyovka）*的方向開了一小時，經過好幾棟大型別墅，最後看到一堵綠色圍牆及哨兵。院子大門是敞開的，進到房子後，我們看到更多的守衛。房子很現代，而且不小，但絕對不是宮殿，無論外觀或內部擺設，都相當簡樸。品味還不錯，儘管各方面都顯得恰如其分，但實在稱不上舒適，甚至沒有「安居」感。入口大廳、寬廣的樓梯、更衣室等等，以及客廳都很寬敞大方。看不到照片也沒有什麼小擺飾。餐廳很大，帶有可拆卸的窗扉，餐桌上以仙客來花（cyclamen）裝飾，每人至少三朵。房間周圍的地板擺著八到十株丁香花盆栽，有白色和紫色，照料相當細心，全都開滿了鮮花。

在場的還有喬治．F．凱南的夫人，大使館祕書威爾斯的夫人，以及知名的蘇聯高官夫人，她們的高官先生不久之後就會被淹沒在大清洗的浪潮裡，像是弗拉斯．丘巴爾（Vlas Chubar）†、尼古拉．克列斯廷斯基（Nikolai Krestinsky）‡以及鮑里斯．斯托莫亞科夫（Boris Stomonyakov）§。餐點有好幾道，皆非常精緻。[133]隨後不久，戴維斯在一九三八年九月十日親自寫了一封信給「親愛的總理先生」莫洛托夫：

> 以後當我回憶起在俄羅斯的這段時間，必定滿懷感激，貴國偉大的俄羅斯人民是如此友善，還有蘇維埃聯邦政府代表對我的禮遇與善意。
>
> 在另一個信封袋裡，是我收藏俄羅斯繪畫目錄的副本，上面有我給您的題字。由於貴國政府的幫助，這份收藏及目錄才得以完成，也才能成為我捐贈給母校威斯康辛大學的禮物。134

波林娜出現的另一處場所，是幹部名單（Nomenklatura）«上權貴熟悉的社交場所：

---

* 譯註：原文作 Rublow-Wäldern / Rublova Woods，應指 Rublyovka，位於莫斯科邊郊，自一九三〇年代起便是蘇聯高官的鄉間別墅聚集區，一九五三年史達林便是在此處的鄉間別墅去世。

† 譯註：一九三八年被控為德國間諜，一九三九年判處死刑槍決，一九五五年獲平反並恢復黨籍。

‡ 譯註：一九三七年被控為德國間諜，一九三八年判處死刑槍決，一九五六年部分獲平反，一九八六年全部獲平反。

§ 譯註：一九三八年被控為德國間諜，一九四〇年判處死刑槍決，一九八八年獲平反。

« 譯註：在蘇聯及社會主義與共產主義國家實行的一種幹部及職官制度，國家重要幹部皆列名其中，可說是官僚特權體系。

在莫洛托夫位於索思尼（Sosny）莫斯科河畔的鄉間別墅。照片顯示她和女兒在那裡一起游泳，用荷花編織花環，還有莫洛托夫與作家亞歷山大・愛羅索夫（Aleksandr Arosev）如男孩般一起玩水嬉戲，以及一些關於文學藝術的深度對談。愛羅索夫除了是位作家，也是蘇聯最重要的文化大使，在一九三八年遭到逮捕並槍決。[135]

一些承平時期常見的事，例如與美國親友保持聯繫，在大清洗時期就成了危及性命的罪行。直到一九三五／三六年，蘇聯與美國之間的接觸仍然非常頻繁密切，是美國歷史學家漢斯・羅格（Hans Rogger）所謂「蘇維埃美國主義」（Soviet Americanism）的高峰。許多代表團被派至「新世界」考察，比起歐洲這個「舊世界」，他們更嚮往新世界。工程師考察水力發電廠及摩天大樓等建設，建築師造訪羅斯福新政時期最大的建築工地：紐約洛克斐勒中心。蘇聯最受歡迎的作家，像是伊利亞・伊里夫（Ilya Ilf）及葉夫根尼・彼得羅夫（Yevgeny Petrov）遊歷美國各處，並在國內重要報章雜誌以〈單層的美國〉（Одноэтажная Америка / One-storied America）為題發表遊記。此外，阿納斯塔斯・米高揚（Anastas Mikoyan）也率領一團人數眾多的代表團前往美國，專門考察罐頭工業及食品生產，以及採用福特主義的芝加哥屠宰場，以便深入了解自動販賣及速食餐廳的運作機制。在一九三九年紐約世界博覽會上，蘇聯還推出了雄偉的展覽館。[136]

對波林娜·熱姆丘任娜的政治生涯來說，一九三九年是一個重要的轉捩點。就在那一年六月，與波林娜共同掌管香水工業國營托拉斯的皮膚科醫生伊利亞·貝拉霍夫（Ilya Belakhov），以及食品、香料及油類國營托拉斯的領導斯利奧斯貝格（Sliosberg），還有尤利嘉及娜傑日達·卡內爾（Yulika & Nadezhda Kanel）醫生姊妹全遭到逮捕，並在「蛇坑」（Snakepit）裡被屈打成招。貝拉霍夫在槍決前留下紀錄：「他們毆打我，強迫我承認自己是個間諜，並且跟波林娜·熱姆丘任娜住在一起。我不能誣陷這個女人，這是個謊言，而且我天生性無能。」負責審訊貝拉霍夫的，是受祕密警察首腦貝利亞指派的波格丹·科布洛夫（Bogdan Kobulov）。他後來坦承自己毆打貝拉霍夫：「根據貝利亞的指示，審訊的目的是要貝拉霍夫坦承從事通敵活動，以及交代他與某位黨及政府領導人家人之間的關係。」[137]

一九三九年八月十日，政治局通過《關於熱姆丘任娜同志》之決議：「一、我們必須確定，熱姆丘任娜同志沒有仔細篩選身邊的人，因此周遭有不少敵對間諜份子潛伏，並且她會在不經意間提供這些間諜方便行事。二、我們必須確定，所有與熱姆丘任娜同志有關的資料都要仔細審查。三、解除熱姆丘任娜同志漁業人民委員的職務。上述措施必須依序執行。」一九三九年十一月二十一日，波林娜·熱姆丘任娜被任命為蘇俄輕工業人民委員部紡織和服飾工業局局長，官職從聯邦層級下降至單個共和國層級。[138]到了一九四一年初，十八屆黨代表大會又更進一步刪除不少名單上的重量級候補委員，其中包括前外交人民委員馬克西姆・李維諾夫（Maxim Litvinov），以及波林娜・熱姆丘任娜。波林娜在會議中的表現，給當時共產國際執委會主席格奧爾基・季米特洛夫（Georgi Dimitrov）留下深刻的印象，並在一九四一年二月二十日的日記中寫道：

> 熱姆丘任娜案特別引人注意。（她說得不錯：「黨表揚我，獎勵我優越的工作成績。但我太大意了，我〔當漁業人民委員時〕的副手原來是個間諜，我的朋友也是間諜。我竟然一點警覺心都沒有——這給了我一個教訓。我保證，從今以後直到生命的最後一天，我都會坦承不諱，並以布爾什維克的方式工作。」）表決時有一票棄權（莫洛托夫）。或許，因為他是她的丈夫。但這行為不對。

史達林的繼任者赫魯雪夫（Khrushchev）也記得波林娜的表現，以及眾多中央委員對莫洛托夫的批評。他們認為莫洛托夫投棄權票，是將丈夫這種私人身分凌駕於黨的意志之上。[139]

根據奧列格・賀列夫紐克（Oleg Khlevniuk）及史蒂芬・考特金（Stephen Kotkin）兩位歷史學家的說法，一九三九年八月十日，史達林批准對莫洛托夫的妻子身邊的人士提出「敵對間諜份子」的控告，但也只將波林娜降級而已。兩位史學家都認為，這是對莫洛托夫及波林娜的警告。[140]

儘管如此，在風聲鶴唳的大清洗時期，莫洛托夫夫婦的美國關係仍是致命的關鍵，也導致一九三九年波林娜的降級，並在一九四九年波林娜遭逮捕時重翻舊案。直到一九三九年新年招待會上，莫洛托夫夫妻仍坐在史達林身邊。

德國對蘇聯開戰後，整個二戰期間，波林娜都是「猶太反法西斯委員會」最重要成員之一。這個委員會的目的是動員全世界猶太人（特別是美國猶太人）團結起來支持蘇聯對抗希特勒。波林娜成了蘇聯與西方世界反希特勒同盟的中間聯絡人之一。委員會主席則是最受蘇聯猶太人推崇及喜愛的莫斯科猶太劇院演員索羅門・米霍埃爾斯（Solomon Mikhoels）。在波林娜的審訊檔案中，有一封米霍埃爾斯寫給她的信，信中請波林娜幫一位生病同事的忙。波林娜顯然相當大膽，直到一九四六年，她仍然敢寫信給住在美國的哥哥。[141]「猶太反法西斯委員會」最著名的壯舉便是由伊利亞・愛倫堡與瓦西里・格羅斯曼（Vasily Grossman）共同撰寫的《黑皮書：一九四一至四五年戰爭期間德國法西斯侵略者佔領蘇聯地區及波蘭法西斯滅絕營裡屠殺猶太人的暴行》*。但這本書才剛出版便成了禁

* *The Black Book. The Criminal Mass Murder of Jews by Fascist German Invaders in the Temporarily Occupied Regions of the Soviet Union and in the Fascist Extermination Camps of Poland during the War 1941–1945.*

書，直到蘇聯解體都未再版。[142]

一九四八年十月革命三十一周年，一如往常由莫洛托夫邀請駐莫斯科外國使節，參加在克里姆林宮舉行的慶祝會。慶祝會上波林娜特意站在剛上任的以色列大使果爾達・梅爾（Golda Meir）身邊，梅爾在抵達莫斯科後立即造訪「合唱猶太會堂」（Choral Synagogue），* 受到數萬名的猶太人熱烈歡迎，她知道蘇聯在以色列建國時曾助一臂之力，但同時也迫害境內猶太族群。梅爾曾在書中提及她與波林娜見面的情形：

> 「我很高興終於可以認識您。」她充滿感情地對我說，明顯有些激動。接著又說：「您知道吧，我會說意第緒語。」我有些訝異地問她：「您是猶太人？」「是的，」她用意第緒語回我：「我是意第緒女兒。」我們聊了很久。她知道在猶太會堂發生的事，且表示還好我們去了。「猶太人都很希望能看到您。」她說。

隨後波林娜對基布茲（Kibbutz）的共有財產制表示懷疑：

「這不是好方法，」她說，「人民不會樂意彼此共享所有的東西。就連史達林也反對。您應該看看史達林對這個問題的想法及說法。」在她回到其他賓客身邊時，她摟住莎拉（梅爾的女兒），雙眼噙著淚說：「好好活吧，你們過得好，全世界的猶太人也會過得好。」143

一九四八年十二月二十九日，「莫洛托夫夫人」被開除黨籍，並於一九四九年一月二十九日遭到逮捕。她被控「長年來一直與猶太主義份子違法接觸」。兩個月後，她丈夫維亞切斯拉夫．莫洛托夫被免除外交人民委員的職務，從而失去他在「史達林團隊」（語出歷史學家希拉．菲茨帕特里克〔Sheila Fitzpatrick〕）的影響力。同時遭到逮捕的還有她的親人：兄弟卡普夫斯基（A. S. Karpovsky）、姊姊列斯亞瓦斯卡亞（R. S. Leshnyavskaya），以及兩位外甥，一位是航空工業部第三三九號工廠廠長史坦貝克（I. I. Shteinberg），另一位則是蘇聯漁業部人事局局長助理戈洛瓦涅夫斯基（S. M. Golovanevsky）。其中卡普夫斯基與列斯亞瓦斯卡亞兩位手足因「無法承受使用在他們身上的規訓」（也就是熬不過嚴刑拷打），死於監禁之中。144

* 譯註：此種形式的猶太會堂，幾乎全建造於十九世紀中葉至一次大戰前的俄羅斯帝國境內。

一九四九年十二月二十九日，蘇聯國家安全部（MGB）*召開特別會議，波林娜被判五年流放，地點是庫斯塔奈（Kustanai）烏拉山脈（Ural）以東地區。一九五三年一月，她在流放地再次遭逮捕，移送莫斯科接受作秀公審。她對此事的反應：「國家如果決定這麼做，那就做吧。」

在審訊期間，波林娜否認所有指控。他們想要逼她承認支持米霍埃爾斯等人「在克里米亞建立一個猶太加利福尼亞」的想法†，想要她承認包庇、袒護反蘇維埃的錫安主義陰謀份子。提出的指控一個比一個荒謬，一名屬下甚至指控她勾引他上床，另一個則聲稱，在莫斯科合唱猶太會堂看見她沒坐在身為女性該坐的位置，而是坐在男性專用的祈禱間——中殿上方的拱廊裡。她矢口否認曾散播謠言說米霍埃爾斯死於謀殺——官方說法是死於「交通事故」，並堅決否認自己屬於錫安主義勢力的指控。[145]

一九五三年三月十日，在史達林死後第五天，也是葬禮結束隔天，祕密警察首腦拉夫連季·貝利亞就去找波林娜，告訴她獲釋的消息。波林娜聽完劈頭就問約瑟夫·維薩里奧諾維奇‡狀況如何？當她聽到史達林「已經離開我們」時，立即暈了過去。就像同一案件中所有其他被告一樣，波林娜也在一九五六年獲得平反。但她終其一生，直到一九七〇年五月一日，在她七十三歲終老於莫斯科時，都是忠貞不貳的史達林追隨者。她也為丈夫與她離婚一事辯護，宣稱是因自己受指控，所以主動建議丈夫提出離婚。直到最終，她依然非常注重外表，就在去世前不久，還去做了指甲護理。波林娜不是那種好管閒事的大媽型黨員，用蘇聯作家尼娜．貝爾貝羅娃的話來說，她是個不折不扣的「鐵娘子」。[146] 據說她在一九五〇年代末期曾對史達林的女兒斯韋特蘭娜．阿利盧耶娃說：「你父親是個天才，消滅所有潛伏在我們國家裡的第五縱隊，因此在開戰後，我們已是黨民合一。」她看不起所有史達林之後的蘇聯元首，並且極為痛恨赫魯雪夫。

波林娜．熱姆丘任娜事件必須放在大歷史的框架下理解。當時，世界局勢再度發生極端的變化，二戰時一同對抗希特勒的盟友，在戰爭結束後分道揚鑣，反希特勒同盟解散，過渡成冷戰結構及東西對峙的局面。一九四〇年代末期，在冷戰開始以及對當時外交部長莫洛托夫立場之種種爭議的背景下，反對錫安主義及世界主義（cosmopolitanism）的行為其實是相當合理的。曾經為了蘇聯這個國家所做的一切，像是與美國大使及大使夫人保

* 譯註：史達林時期的政治警察和情報機構，是一九五四年成立的國家安全委員會KGB的前身。

† 譯註：一九二〇、三〇年代，克里米亞半島曾是猶太人夢想中的桃花源，許多左派猶太人遷移至此成立互助共享莊園。

‡ 譯註：史達林之名。

波林娜及其丈夫莫洛托夫，攝於1963年莫斯科

持良好的私人關係，變成陰謀及間諜指控的佐證。當年邁且充滿被害妄想的史達林，覺得國家第二號領導人該接受懲戒及規訓時，曾經「第一夫人二號」是恭維波林娜的說法，也變成對她不利之證據。在這種背景下，逮捕及審判波林娜，是史達林恐懼身後傳承問題時，對可能的繼任者施加壓力的暴力手段。[147]

國際局勢的緊張與壓迫，以及國內發動新一波大清洗及恐怖統治，都形成史達林統治晚期毫無下限的愚民政策，這種現象表現在對抗「世界主義者、美帝買辦、錫安主義者」以及「克里姆林宮醫生陰謀」上，一直要到獨裁者死亡才得以告終。[148]

在這種充滿威嚇脅迫的氣氛下，遭受史達林暴力對待的人之中，雖然還是有人毫無保留地相信他，卻堅決否認所有的指控而與他對峙。這樣的人在反世界主義及反錫安主義的政治運動中，除了波林娜之外，只有極少數的人可以做到。其中一個就是生物學家莉娜·

施特恩（Lina Stern），她是蘇聯科學院院士，也是猶太反法西斯委員會成員。在遭受祕密警察刑求及殺害的人之中，她能一直堅持反抗到最後，是相當罕見的例外。[149]波林娜在作秀公審中堅持自己的立場，最終則是因為史達林死於一九五三年三月五日，才能得到解脫。然而，她在思想上仍然臣服於史達林之下，是個連在教科書裡都無法找到的忠貞史達林主義者。

波林娜政治生涯的跌宕起伏並非偶然發生，而是與時代變化關係密切。她出生在貧困的猶太區，一個人人想盡辦法要遠走高飛的地方，波林娜自然也不例外。她加入布爾什維克黨地下反抗組織，不過這在當時絕非一條飛黃騰達的捷徑。她的成功並非因為她與莫洛托夫結婚，最重要的還是因為她走出了自己的路：加入地下反抗組織，組織婦女工作，進入工人學院修習，然後在香水廠中擔任黨工，很快成為廠長，一路高升至人民委員，是經由革命提升個人社經地位的最佳典範。

波林娜非常清楚大清洗時期身邊人的遭遇，但她與她丈夫的口徑一致：莫洛托夫在那段恐怖統治時期，親手簽下上萬人的死亡判決書。並且在五十多年後，與菲利克斯．丘耶夫談到此事時，仍然推崇史達林能在戰前及時殲滅藏在內部的人民公敵「第五縱隊」，確保對德戰爭的勝利。[150]波林娜的聲望，以及她被稱為「香水委員」的名氣，顯然是奠基於兩件事實：一是個人堅忍不拔、積極向上的奮鬥精神，另一個則是她掌管化妝國營托拉斯的經營能力，並在混亂及匱乏的時代，提供給人們一些美好生活的想像，給灰色黯淡的日常生活帶來些許的奢侈享受。同時這也意味著，蘇聯這個國家終於有能力提供國產化妝品，這些商品對少數人來說，或許比不上「暮色香都」或「香奈兒五號」，但卻能為大多數人的生活添加若干色彩。

波林娜知道監獄與流放的氣味。她曾被監禁在莫斯科祕密警察總部盧比揚卡（Lubyanka），以及俗稱「水手的沉默」（Matrosskaya Tishina）看守所，後來又被流放至哈薩克庫斯塔奈。當她抵達流放地——烏拉山脈以東的庫斯塔奈聚居地，那裡也是通往新成立的鋼鐵重鎮馬克尼土哥斯克（Magnitogorsk）鐵路支線的起點，她的第一個要求是：給我肥皂、洋蔥和紙。要求這三樣東西的波林娜，展現的是一位不會被打敗的堅毅女人的形象，就算被逐出權力核心、下放至世界的盡頭，也一樣充滿信心。肥皂是勞改營中求生及保持個人清潔的基本，也是毅力和紀律的縮影；洋蔥是保持身體健康、抵抗身體衰敗之物；最後的紙張則是為了維持神智清明，大腦不致退化，即使只是為了抄寫馬克思主義經典作品，以便研讀史達林的《簡明教程》。穿著一向樸素優雅的波林娜，曾是掌管香水工業的人民委員，如今落入一個像她這種身分的人本不可能接觸到的世界。但她懂得如何面對這樣一個世界：一個她少年時期在地下組織已然經歷過，且學會如何在其中求生的世界。

充滿傳奇的可可．香奈兒與鮮為人知的波林娜．熱姆丘任娜，分別代表兩個截然不同，甚至彼此對立的香氣世界，雖然這兩個世界暗地裡其實有著千絲萬縷的關係。她們兩人的命運，有如天壤之別，毫無相似之處。但是，即使她們彼此嫌棄對方毫無品味，分屬完全不同的世界：一個看另一個是資產階級頹廢墮落的代表，另一個則認為對方是粗鄙且惹人厭惡的政黨幹部。但當我們從世紀末的角度回顧這段歷史，兩人之間的共同點竟是不少。

兩人都出生在文化邊緣地區的鄉村，但很快便找到一條迅速通往各自國家政治及文化核心的路徑。兩人都想逃離鄉村生活，但卻從未與自己的出身環境與家庭斷絕來往。相反的，她們信任家人，總是與家人親近，像波林娜，就算再危險也要維持與家人的聯繫。兩人都隨著時代的洪流前進，但仍能找出自己的路。她們善用機會，知道利用男性主導環境下的弱點，從中汲取力量發展壯大。她們接受上流社會提供給她們的優勢，但並不因此依賴。兩人各自出身的社會文化環境背景截然不同，一個是小資產階級天主教徒，另一個則是小資產階級猶太人，但兩人都想擺脫出身環境。

她們投身於牽動世界歷史發展、動盪不安的漩渦中，那裡攪亂一切，但同時也提供機會發展，而這是在戰前井然有序的世界裡不太可能發生的事。她們從邊緣來到中心，並且從崩潰的社會秩序中獲利，比起香奈兒，波林娜尤有甚之：俄國革命似乎終結了歧視猶太人，也為前所未有的晉升之途掃清障礙，不少人突然一躍而至權力的制高點。尼娜・貝爾貝羅娃稱這樣的人是「鐵娘子」：獨立、自信十足且精力充沛，積極追求自己的目標，而不考慮那些可能因此被擠到旁邊的犧牲者。

她們很快就能從一時的挫折中恢復過來，重拾自我，並懂得維持自我。從這些特徵來看，她們非常相似。兩人都堅定地按照自己的計劃進行：一個是白手起家的女人，從裁縫店、精品店到推出聞名全球的商品；另一個則是擔任組織、負責企劃及政黨幹部，熱情到甚至可說是狂熱地支持「偉大的史達林事業」。

兩人一樣都是工作狂。一個創立躋身世界排名的私人企業，另一個掌管新興世界強權的國營托拉斯。香奈兒有自己的豪宅，還在麗茲酒店有間專屬套房；波林娜住在分配的宿舍裡，但卻置身於權力核心：在克里姆林宮、在政府大樓，以及高官的鄉間別墅群裡。前者除了敏銳的直覺和品味，沒有什麼矢志不渝的信念可以依靠；後者除了自身能力之外還有信仰，深信所有發生的事情都是應該發生的。史達林時代那認為欲成大事、必得忍受小弊的說法，波林娜深信不移。

當香奈兒合理化自己無恥的通敵行為，並為了能繼續維持奢華的生活方式而避走他國，波林娜則成為陰謀的受害者，為她屬於權力核心的身分——莫洛托夫的妻子——付出代價：被開除黨籍，後雖獲平反，但也只能領國家退休金維生。不過比起其他史達林時代的犧牲者來說，這代價顯然不算嚴苛。香奈兒終其一生都不曾掩飾她對猶太人的厭惡，而波林娜雖然身為共產黨員，卻比較像是一個以撒・多伊徹（Isaac Deutscher）*所說的「不猶太的猶太人」（non-Jewish Jew），但她終究還是自認為「猶太民族的女兒」，並因此被指認為「國際主義者」及「錫安主義者」而遭處分。

兩人最後也都安然無事逃過一劫：香奈兒因納粹戰敗，法國光復，她與敵人合作一事，未被認真追究；波林娜則因史達林去世重獲自由，但卻再也沒有機會東山再起。當她的丈夫莫洛托夫被派到蒙古共和國當大使，之後又被指派去維也納國際原子能總署時，她則再度進入大學讀書，並致力照顧女兒及孫子。很快地，一段悲情浪漫的愛情神話便圍繞著這對老夫婦，直到波林娜去世為止。實際上，無數莫洛托夫從紐約、柏林或倫敦捎來給

---

* 譯註：Deutscher這個姓氏中文通譯為多伊徹，但實際上這個字就是德意志。

香奈兒在洛桑之墓

「波林娜，吾愛」的信——「我現在只想趕快離開這該死的紐約，回到你身邊」，「很快我們就會再見，擁抱與親吻」——全都見證了這一段持續了數十年的熾烈愛情。[151]波林娜在一九七〇年四月一日去世，莫洛托夫則活到九十六歲，於一九八六年十一月八日逝世。當波林娜下葬於新聖女公墓*時，葬禮上還演奏了蘇聯國歌，到了莫洛托夫，就不再有這份殊榮了。在他去世時，重建改革（перестройка / Perestroika）已然展開，最後以蘇聯的解體告終。[152]

而可可．香奈兒又重新回到她的舞臺。當時在舞臺上發光發亮的，是像克里斯汀．迪奧或伊夫．聖羅蘭這些新一代的設計師，香奈兒似乎是「出局」了。但在

波林娜於莫斯科之墓

一九五四年，她再度站上舞臺，尚·考克多撰文歡慶「香奈兒夫人的回歸」，繼續對抗平庸，並且因為「香奈兒五號」香水行銷全球之收益，香奈兒成為法國最有錢的女人之一。[153]一九七一年一月十日，香奈兒以八十七歲之齡在麗茲酒店專屬套房中去世。莫洛托夫與波林娜，皆葬在祖國莫斯科最負盛名的新聖女修道院墓園裡，但香奈兒最後安息之處卻不在法國，而是瑞士洛桑（Lausanne）。

* 譯註：新聖女公墓（Новодевичье кладбище / Novodevichy Cemetery）為莫斯科最著名的公墓，許多名流要人皆葬於此處。

來自另一個世界

焚屍爐的煙及科雷馬的氣味

在倖存者或曾與這個世界接觸的人，
除了圖像之外還存在著嗅覺的記憶。

特別指出歷史災難包含嗅覺層面，幾乎是件多餘的事。但我們對「極端的年代」所發生難以想像之惡行與暴行的認識，大多來自圖像，而不是地獄般的惡臭——那是無法保存流傳下來，卻真實存在過的東西。當我們回顧二十世紀歷史，所有出現在我們眼前的恐怖場景，其實都伴隨著濃重的氣味。從那些歷史見證者，無論是加害者或是倖存者所留下的證詞，都可以證明確實如此。據報導，德軍「任務執行部隊」（Einsatzkommando）*在執行任務時，不僅有大量的酒可以喝，還可以領到古龍水，使他們的行動不至於那麼「難以忍受」。類似的報導也出現在蘇聯內務人民委員部行刑部隊上：當他們在莫斯科的布托沃（Butovo）或科穆納爾卡（Kommunarka）刑場執行完槍決、脫下橡膠圍裙後，都會在身上灑古龍水。[154]在美軍錄下的影片中，被帶到貝爾根－貝爾森（Bergen-Belsen）及布亨瓦德（Buchenwald）集中營強迫參觀的德國人，看到堆積如山、瘦骨如柴的死屍時，無不用手巾摀住鼻子，並急急移開視線。

若想延續阿蘭．柯爾本只寫到十九世紀的《惡臭與芬芳》，書寫二十世紀的氣味歷史，絕對不缺材料。那時代充滿著戰場的氣味，不只是槍林彈雨，還有陣陣的瓦斯煙霧；有焦土、有亂葬崗的氣味，有集中營運送囚犯的車廂裡，擠壓在一起的肉體氣味，有焚書的氣味，還有導進毒氣室裡毒氣的氣味，以及從焚屍爐飄出的惡臭濃煙；還有冰封的屍體，要到回春雪融後，才在潺潺的流水裡發出陣陣腐屍的氣味；還有夜復一夜地轟炸，處處瀰漫焦味的傾毀城市。但儘管如此，在種種惡行之中仍然存有那一絲淨化了的正常世界之氣味：那是為戰時兒童豎立的聖誕樹所散放的馨香，或是被佔領的城市裡，舉辦晚宴及首演活動時衣香鬢影的香氣。

從漢斯．J．林德利斯巴赫對納粹集中營及滅絕營的回憶與報導，以及葉卡捷琳娜．莎莉茲卡雅（Ekaterina Zhiritskaya）關於蘇聯勞改營氣味的文章，我們可以想像，重建二十世紀的氣味地景可以為這段歷史的認知帶來什麼樣的貢獻。[155]

這種將嗅覺也包含在內的，所謂知覺感官絕對整體（Totalität）概念，在二十世紀初期便出現在一些充滿預示性的作品上，例如一九〇九年的《未來主義宣言》（*Manifesto del Futurismo*），出自頌揚法西斯主義的作家菲利波．托馬索．馬里內蒂（Filippo Tommaso Marinetti）之手：「戰爭是美麗的，因為它將槍聲、砲火、間歇停火，以及香水與屍臭，譜成一首壯麗的交響樂……未來主義的詩人及藝術家啊……在你們為新詩及新雕塑奮鬥時，必得牢牢記住戰爭美學的原則……它將給你們帶來啟發！」[156]

* 譯註：二戰期間納粹政權在東歐佔領區內專門執行緝捕反抗軍及屠殺猶太人的部隊。

我們對各式監禁營的認識一樣也受到圖像的強烈影響，特別是納粹集中營及滅絕營。在「死亡工廠」這個名稱下，是一連串圖像的總和：底下有火車軌道通過的奧斯威辛－比克瑙入口大門、監視塔和通電柵欄，還有在納粹德國化工巨獸法本公司（I.G. Farben AG）營區設計圖上，或是同盟國的空拍圖上，都是排列成幾何形狀的營房，以及焚屍爐、監守人員辦公室與宿舍。但在倖存者或曾與這個世界接觸的人，除了圖像之外還存在著嗅覺的記憶：這裡人們生活在至死方休的高度剝削下，所有衛生條件及設備，都是以等待死亡為前提所設計，可想而知這樣的地方會出現怎樣的惡臭。想想納粹所設立的猶太區（Ghetto），數以萬計的人被迫擠在一個狹小的空間，因飢餓、心力交瘁或流行病逐一死去。

而這場系統性大屠殺，在嗅覺上最具代表性的，莫過於焚屍爐上方濃煙的氣味，這不僅存在倖存者或附近居民的回憶，甚至也出現在「死亡工廠」各級幹部的回憶裡。就像奧斯威辛指揮官魯道夫．霍斯（Rudolf Höß）自述中所言：

> 在挖掘萬人塚及焚燒屍體時，我都得在旁監視，必須忍受可怕的惡臭好幾個小時。
>
> 我還必須透過毒氣室的窺視孔直視死亡，因為醫生說我應該要這麼做。

霍斯還說：

第一次在戶外燃燒屍體，就知道不可能一直這麼做。如果天氣不好或風大一點，數公里之外都可以聞到燃燒屍體飄出的惡臭。附近居民全都對燒猶太人一事議論紛紛，根本無視納粹黨及行政機關的全力否認。雖然所有參與行動的黨衛軍成員都必須對所發生的一切嚴格保密，但從之後黨衛軍法庭審判中便可以知道，參與者並未恪守本分保密，再嚴厲的懲罰，都無法禁止他們到處去說。[157]

從焚屍爐飄出去的灰燼及濃煙的氣味，恰恰與納粹對乾淨、純潔及對衛生狂熱的說法相輔相成。在這一系統性殺戮計畫中，伴隨謀殺部隊一路推進或在毒氣室中的，是像「消滅害蟲」、「隔離」、「衛生措施」、「保持血統純正」或「消毒」之類的字眼。希特勒帝國殺戮系統的嗅覺經驗，不僅記錄在文獻檔案中，也表現在阿道斯・赫胥黎（Aldous Huxley）《美麗新世界》（*Brave New World*）一書中，以文學形式呈現出來。[158]大屠殺倖存者奧爾嘉・蘭吉爾（Olga Lengyel）曾以「金髮天使」伊爾瑪・格蕾澤（Irma Grese）*為例，描述集中營裡香水與濃煙的高度反差：

* 編按：伊爾瑪・格蕾澤為貝爾根—貝爾森集中營婦女部門的監獄長。

無論她走到哪裡，身上都散發出一股珍貴香水的香味。尤其是頭髮，更是噴灑了各種迷人的香氣，有時她還會自己混和出特殊組合。而這種誇張使用香水的行為，或許正是她殘忍天性的極致表現。疲憊不堪的囚犯，總是貪婪地吸著這香氣，等她離開我們後，那籠罩在整個營區如天羅地網般，那股焚燒人體令人作噁的臭味，也就變得更加難以忍受。159

而化學家出身的普利摩．李維（Primo Levi），在踏進設在奧斯威辛—比克瑙的布納化工廠（Buna）時，也有類似的經驗：

地板是多麼潔淨光滑！……那氣味有如一記鞭子，將我打回過去：那縷似有若無的氣味，或者，有機化學實驗室。那一剎那，大學裡那間昏暗的大廳，我的四年級生涯，還有義大利五月溫潤的氣息，猛然一湧而上，卻又倏忽而逝。160

葉卡捷琳娜．莎莉茲卡雅在《科雷馬的氣味》（*Zapakh Kolymy*）一書中，探討了二十世紀重要的俄羅斯作家對蘇聯勞改營的觀察與描述。瓦爾拉姆．沙拉莫夫（Varlam

Shalamov）曾在不同的勞改營中待過十七年，大半是在科雷馬（Kolyma）渡過，一九五三年獲釋後，他寫了《科雷馬故事》（*Kolymskiye rasskazy* / *Kolyma Tales*）一書。莎莉茲卡雅建議，要「用鼻子」來讀《科雷馬故事》。她指出，沙拉莫夫對周遭的感知多半圍繞在身體上：體重減輕、因飢餓產生的各種疾病如糙皮病（pellagra）及壞血病（scorbutus）導致身體衰弱，這一切在蘇聯勞改營中通通稱為「營養不良」。沙拉莫夫分析了精力如何快速耗盡，系統性衰竭以及脫水的情況。但同時也提到有些囚犯有紅潤的臉頰，看起來營養充足，身上還有「過多的肉」，這在觀察者的眼中顯得相當可疑。在這裡，身體戰勝理智取回主導的地位，所有感官知覺都集中於求生之奮鬥上。而生存奮鬥又使得感官、「直覺」與嗅覺更加敏銳，尤其是嗅覺，簡直是回到原始狀態的「獸類嗅覺」。有著文明及文化氣息的世界，是科雷馬囚犯無從企求，且無關緊要的世界。過去的生活「恍若一場夢，或只是虛構出來的」，未來更是不存在。「當下才是真實，從起床到上床的每一分每一秒，再多就沒有了，也沒有力氣去想。」人們只想著如何活過今天。「可以讓人多活一天而不死的東西才有意義，而科雷馬的氣味，就像在野獸世界一樣，象徵著生存或代表死亡危機」。[161]由於科雷馬極為寒冷，一年有八個月聞不到死亡及屍體腐爛的臭味。雪的氣味凜冽且「抽象」，寒冷凍住排泄穢物，連茅坑都結冰。死者凍成冰柱，可以像木頭一樣疊放在戶外，直到來春融雪，趁著屍體尚未開始腐化時趕緊入葬。而麵包的氣味，則是生存的象徵。

在奧斯威辛，死亡的氣味是毒氣及煙，但在科雷馬，沙拉莫夫陰鬱地寫道，死者是「沒有味道」的。那是一種「非肉身的屍體」，瘦到不成人形且毫無血色，保存在冰封裡。營中死去的人，多半不是被別人殺死，而是因為別人不留給他生路。象徵科雷馬的氣味不是死亡，而是生存：「麵包對囚犯來說是最有價值的東西。在勞改營裡，麵包決定一切。想了解麵包氣味在科雷馬的意義，就必須重構出當時囚犯是在什麼樣的條件下感受這種氣味。也就是說，要去了解對囚犯來說，麵包代表什麼意義。沙拉莫夫的敘述涵蓋了對麵包種種細膩的感受，那種細膩，對一般人來說簡直是太不可思議了。」日常吃麵包這種再平凡不過的行為，竟然蘊含著各式各樣複雜情感、觸感、味覺及嗅覺上的細膩差異。

「什麼都比不上飢餓的感覺，對一個五八（違反法律第五八條的政治犯）或被稱作dokhodyaga（俄文指稱毫無指望的囚犯）的營中囚犯，那種啃嚙的飢餓感是一種持續的常態。」麵包是唯一的熱量來源，只有它，才能帶給人能活過今天的希望。巧克力或牛奶只會出現在夢裡。在這一生的此時此刻，唯一真實的存在，不是空想，而是看得到、摸得到的東西——就只有麵包。「麵包成為食物的絕對象徵，是生命的物質體現，或者應該說，根本就是生命本身，就像是道成耶穌的肉身那樣。」

在科雷馬吃麵包及品嚐麵包，有特定的方式——如何放進嘴裡、怎麼嚼。被放著不吃的麵包，代表分配到麵包的人已經放棄求生了。拿不到麵包，就等於被判死刑。為了獲得麵包，囚犯不遺餘力。拿不到麵包的懲罰，使得麵包香氣變成一種嗅覺的折磨。麵包代表生命的甜美氣味，成了科雷馬最令人難以忘記，也是最抑鬱的氣味之一。在那裡，人類所有情感都變得遲鈍，但關係到食物與氣味的味覺及嗅覺卻是異常靈敏。「肚腹空空的囚犯，嗅覺會變得異常靈敏。」沙拉莫夫如此寫道。冰凍的甘藍葉熬出來的高湯，聞起來就像是「最棒的烏克蘭羅宋湯」，燒焦的蕎麥糊卡莎（Kasha），聞起來「讓人想到巧克力」。感官知覺的扭曲如此強烈，使得沙拉莫夫就連在獲釋十五年後，每次吃馬鈴薯總還感覺像是在吃毒藥一樣。[162]

大戰之後

人活著不是單靠麵包
——新風貌（New Look）與
時髦青年「斯迪亞季」（Stilyagi）

香味的光譜大為擴展，
出現了各式各樣的品味與方向，
五湖四海的氣味終於飄進閉鎖已久的帝國。

波林娜・熱姆丘任娜獲釋平反後，並未再回到香水工業，當然也不再擔任管理職務。當時，戰後工業重建正如火如荼地進行，也終於開始顧慮消費者的需求，並提高輕工業的投資比例。根據蘇聯部長會議及共產黨中央委員會的共同決議，一九五三年十月頒布《擴大食品生產及提高食品品質》原則，香水類商品生產將增加一倍，原料則來自克里米亞、烏克蘭、喬治亞（Georgia）與中亞等地區的香料農場。早在一九四七年，「全聯盟化學合成及天然香料科學研究所」（縮寫為VNIISNDV）就已在莫斯科成立。當時最大的香水工廠是專門生產化學合成香料的卡盧加聯合企業（Kaluga Combine）。這個工廠是蘇聯當時役使德國戰俘所建造，部分設備則是二戰時期美國透過租借法案（Lend-Lease Program）提供的機器。一九五〇年代中期，設在列寧格勒、哈爾科夫（Kharkov）和尼古拉耶夫（Mykolaiv）等地區，在二戰時被德軍摧毀的香水暨化妝品工廠又重新恢復生產。在喀山（Kazan）、斯維爾德洛夫斯克（Sverdlovsk）、塔什干及提比里斯的工廠也恢復製造民生用品，並調整產品種類，推出新品牌如「銀色鈴蘭」、「黑桃皇后」或「露莎卡」。一九五〇年代初期最受歡迎的產品是「夏普」（Shipr）及「特萊諾伊」（Troynoy）這兩種品牌的古龍水。到了一九五三年，此一行業的營業狀況已再次達到戰前水準。[163]

專精蘇聯香水歷史的娜塔莉雅・多爾戈帕洛娃認為，一九五〇、六〇年代是「蘇聯香水的黃金時期」。新的七年計畫（一九五八至一九六五年）生產總額超出計畫目標甚多，所有香水、淡香水及古龍水生產總重量達三萬零三百噸，平均每人每年用掉一百三十克，一九六〇年後半期，這些數字已超過了幾個西方資本主義大國。蘇聯工廠除了供應國內市場所需，出口量也漸漸增加：一九六六年甚至出口到法國、芬蘭、加拿大與西德，但主要還是出口到東歐及第三世界國家。

二次大戰後，史達林時代的高尚品味也進入香水產業：一九四七年的史達林獎*便頒給了香水。香水瓶也益發華麗，昂貴的香水由緞布及打磨拋光過的水晶盛裝，猶如藝術品一樣。它們必須反映出日益增長的民族自豪及愛國意識，名稱則是「孔雀石寶盒」、「紫水晶」、「藍寶石」，「莫斯科風土」（慶祝首都莫斯科建城八百年），或是「蘇聯建軍週年紀念」，有紅色及金色兩種包裝。這些禮品的包裝品質之高，令消費者用完產品後都捨不得扔掉。一九五〇年代後半期到一九六〇年代，也是常被譏為「甜點師傅風格」（confectioner style）的「史達林式風格」過渡到「新簡約」風格的時期，後者承繼了不少戰前現代性（pre-war modernity）的精神。

* 譯註：蘇聯學術暨文藝界最高獎項，一九五四年更名為列寧獎，一九六六年再次更名為蘇聯國家獎。

古龍水「越野賽車」的香水瓶模型，1986年

伊利亞・愛倫堡（Ilja Ehrenburg）的小說《解凍》（*Ottepel / The Thaw*）給了這個過渡時期一個稱呼：「赫魯雪夫解凍」（Khrushchev Thaw）。[164] 實際上，大戰才剛結束，就已經開始朝向這個過渡期前進。當時擊敗希特勒的蘇聯軍隊士兵，也在這場戰役中認識了歐洲，在他們重回家園時滿懷期望，希望在勝利已得、和平已至的日子裡，所有戰時的艱辛及苦難都能夠獲得補償，並享受甜美的勝利果實。他們對國外的高生活水準感到訝異，包括戰敗的納粹德國。隨著士兵返鄉，不僅將所見所聞帶回家鄉，也將一批又一批來自解放及佔領區的物品，無論是家具、服飾、鋼琴、電影，甚至連香水都有，一一被帶回工人的祖國。

不過，沒想像中那麼快，他們還得等待。期盼中的美好生活，必須等到獨裁者死掉之後才可能開始：就在成千上萬的人從勞改營中獲釋回鄉，並開始敘述親身遭遇的不公不義、以及強壓在人民身上的苦難之後。這是一個開放的時代，激發出整個國家被壓抑的潛能且展開行動，走向一個終於不再只是高舉烏托邦的未來，而是真正著手改善現狀的時代，不再興建那些僅為少數人而蓋的「甜點師傅風格」宮殿，而是大量興建民宅。但不僅僅如此，正如弗拉基米爾·杜金采夫（Vladimir Dudintsev）一本深具意義的小說標題《不是單靠麵包》（*Не хлебом единым*）*所暗示的，[165]這還牽涉到思想上的自由，活潑旺盛的創造力，數十年來由監管、審查和壓迫所形成的銅牆鐵壁終於出現裂痕。畫家發現蘇聯前衛藝術作品裡鮮豔的顏色、以及令人耳目一新的抽象構圖，這些在史達林時期遭人唾棄，並從公開場所消失過。在新古典主義誇飾風格當道數年後，終於回歸簡樸形式的美感，建築師與設計師也將他們的才華，投入日常生活及一般消費品的設計上。勇於做自己的年輕人開始發展個人風格，穿著花俏的夾克、直筒褲，頭戴巴拿馬帽，在公開場所亮相。新現實主義的興起使得蘇聯電影在坎城及威尼斯影展大放異彩，文化宮（dvorets kultury / Palace of Culture）裡演奏的是搖擺爵士《查塔諾加酷酷》（Chattanooga Choo Choo），社會學及心理學這類已

* 譯註：出自聖經馬太福音第四章第四節：人活著不是單靠麵包，中文版聖經通常譯成食物。

被廢黜的學科，又重新被建立起來。

一九五七年，世界青年與學生聯歡節（World Festival of Youth and Students）在莫斯科舉行，成千上萬來自各國的年輕人令莫斯科一變而成國際大都會。而人類史上首位進入太空的宇宙人（Cosmonaut）尤里・加加林（Yuri Gagarin），也讓蘇聯有了一個既年輕又充滿魅力的國家英雄。這是一個對未來充滿信心且自信滿滿的時代。坊間的諷刺雜誌力抗這些「不夠蘇聯」、「不夠愛國」以及「頹廢喪志」的現象，但終究不敵時代潮流。穿梭在紅場上的人潮打扮得像迪奧的模特兒一樣，有如飛蛾一般，或像從遙遠星球來的奇妙天外客。[166]

在如此的社會氛圍下，「蘇聯香水的黃金時代」於焉興起，而且指的不只是驚人的生產數量及噸位數據而已。「解凍」的年代一樣也有屬於它的氣味：香味的光譜大為擴展，出現了各式各樣的品味與方向，五湖四海的氣味終於飄進閉鎖已久的帝國，並反映出「解凍」年代，以及宣示「和平共處」政策下的重大意義。這些香水有的以大自然之美命名，例如「珊瑚」、「水晶」或「琥珀」；有的以文學作品為名，例如普希金的《沙皇薩爾坦的故事》或是《一千零一夜》裡的王后「莎赫薩德」，也有神話中的人物，像是「參孫」、「普羅米修斯」或「出浴的維納斯」；但也有愈來愈多較為私密及親昵的名字，像是「薇奧麗塔」、「薇若妮卡」、「奧克薩娜」，或者「獻給你」還是「只有你」等等。後史達林時代的香水名稱多半相當浪漫或詩意，且與私人生活相關，像是「婚禮香水」、「詩篇」、「生日快樂」等等。除此之外也反映了蘇聯這個多民族國家的多樣性，像是「我的亞塞拜然」、「家鄉哈爾科夫」或是「向晚的利沃夫」。

帝國的多樣性同樣反映在香水瓶上，塔什干香水廠推出的產品名稱會是「古爾—埃米爾」*或「雷吉斯坦」†，提比里斯廠的產品就會叫做「伊維莉亞」‡，而烏克蘭出產的香水，就會搭配充滿烏克蘭民俗風格的香水瓶。

這時期香水的種類之多，以及香水瓶身設計之推陳出新，在在令人驚訝，藝術家及設計師發揮不完的想像力，似乎全用在香水瓶及其包裝與禮盒的設計上。但所有設計師以及蘇聯境內二十餘位調香師，全都沒沒無聞地隱身在「工作小組」的標籤之後，而藝術家協會一萬六千名會員，卻一一列出名字，這種狀況令像多爾戈帕洛娃這樣的行家忿忿不平，認為實在太沒道理了。[167] 在一九七〇年代，蘇聯香水工業推出了約七百種香水，以及

* 譯註：Guri Amir，為帖木兒的陵寢，位於今烏茲別克撒馬爾罕。
† 譯註：Registan，帖木兒帝國國都撒馬爾罕的中心廣場，波斯語沙漠之意。
‡ 譯註：Iveria，喬治亞共和國的古名。

四百五十種化妝品。這個數字自然無法跟革命前相比：單單萊特公司就有六百七十五種產品。[168]一九六〇年代初期在科技崇拜的熱潮下，甚至在街道與廣場上設立自動噴灑機：投下十五戈比，紳士們就可以享受「超級噴霧機」幫自己噴灑古龍水。[169]

儘管在自動化生產、化學工業化及設計方面有長足的進步，但計畫經濟的天生缺陷仍然留下問題，像是粗糙的標籤設計、品質低劣，產品甚至出現打磨水晶或上漆等製程的殘留物，這些問題明顯與計劃經濟中常見的分配及生產問題有關，另還有不當儲存，導致精油迅速揮發，再加上缺乏員工訓練等等因素。知名的蘇聯調香師安東妮娜・維特科夫斯卡亞（Antonina Vitkovskaya）回憶起當時簡稱為Soyuzparfyumerprom的「化妝香水精油工業聯盟」層層控管，以及由十二人組成，決定大小事務的「品味委員會」，她形容那是個「恐怖的年代」：想想這十二個「大媽」竟然可以決定整個香水世界該有的樣貌！[170]業內專家對重組香水工業，以及組織合理化的建議完全不被接受，改革停滯不前，就連社會主義式的競爭也無助改善這個狀況，於是顧客掉頭離開，愈來愈多人使用外國品牌，化妝品店前也開始出現長龍。蘇聯消費者偏愛從其他社會主義國家進口的香水，像是保加利亞的「黑貓」（Chat noir），波蘭藍色瓶身的「潘妮瓦勒斯卡」（Pani Walewska），或是東德進口的「芙蘿雷娜」（Florena）。有些甚至來自近東地區，例如埃及進口的「蝴蝶」（Papillon）

及「埃及豔后」（Cleopatra）。

隨著對西方遊客的有限度開放，以及開放外匯交易，愈來愈多的西方經典香水進入蘇聯市場。香水就像牛仔褲及西方飾品，在專供外國觀光客住宿旅館附近區域，是非常搶手的交換商品。或者在專收外幣的特殊商店，那裡遊客、外交官和蘇聯人民可以買到熱門的西方商品。一九六〇年代初期，莫斯科出現法國香水：在市中心莫斯科旅館（Hotel Moskva）附設的精品屋「金色玫瑰」（Golden Rose），人們可以買到羅莎（Rochas）的「女人」（Femme）或聖羅蘭的「鴉片」（Opium）。當陳列架上出現「香奈兒二十二號」香水時，搶購人潮大排長龍，儘管這瓶香水要價五十盧布，非常昂貴。著名電影導演安德烈．S．康查洛夫斯基（Andrei S. Konchalovsky）曾描寫過他的世代是如何迷戀來自遙遠西方世界的香水：「那時我對巴黎充滿夢想，那是一座傳奇的城市，有艾菲爾鐵塔，瀰漫著香奈兒的香氣，還有昂貴的雪茄。」[171]到了一九七〇年代，蘇聯開始與西方電影界合作，在那個改革的年代出現了所謂的合資企業，貼上「巴黎－莫斯科」標籤的商品比較容易賣出去。一家原來以蘇聯早期國家領導人米哈伊爾．加里寧（Mikhail Kalinin）命名的水晶加工廠，便改名為「莫斯科－巴黎米哈伊爾．加里寧水晶工廠」。[172]

戰後的幾十年間，「紅色莫斯科」仍是香水界的翹楚。儘管它在一九五四年經過微調，所有熟悉戰前香水的行家全都確信，它與之前的香水只有名字相同而已。這款香水之後還經過多次的調整改變，到了一九七〇年代標價十二盧布，是當時工人平均月薪的十分之一，屬於頂級香水之流。而一九五八年布魯塞爾世界博覽會頒給蘇聯香水的獎項，更證明了它在香水界的地位：「紅色莫斯科」以及「莫斯科之光」（Ogni Moskvy / Огни Москвы）獲得金牌，里加生產的香水「琥珀」及列寧格勒的「北方」（Severny）拿到銅牌。[173]

又是在世界博覽會這個各國展示實力的舞臺上，東西兩個香水世界再度得以重聚。在世界分成兩大陣營十數年後，布羅卡公司的後人終於在一九五八年的布魯塞爾，與繼承布羅卡公司的蘇聯新黎明公司相會。政治上的「解凍」與鬆綁，提供了他們重聚的可能性。除此之外，蘇聯外交部一位署名諾門科（G.A. Naumenko）的禮賓官員曾在一份報告中，敘述他在一九六八年拜訪住在麗茲酒店套房裡的可可．香奈兒，並致贈這位當時已是八十五歲高齡的老太太兩瓶蘇聯香水：「白色丁香」與「石花」，據稱香奈兒相當高興。羅蘭．巴特（Roland Barthes）也曾提過，可可．香奈兒曾經計畫去莫斯科，探訪那個需要接受「審美創新」洗禮的社會，不過這個計畫顯然胎死腹中。根據報導，戴高樂總統最喜歡的蘇聯古龍水是「紅罌粟」，這是一款帶有東方調香氣，包裝為紅黃色，暗示中國革命的香水。據說這是法裔調香師奧古斯特．米歇爾在一九二七年，也就是十月革命十周年時的創作。[174]

然而，香奈兒收到香水禮物的喜悅及戴高樂偏好「紅罌粟」，並未改變當時西方及蘇聯兩邊香水世界不對稱的關係，而「紅色莫斯科」稱霸蘇聯香水世界的日子也逼近尾聲。更受歡迎的香水出現了，西方世界傳來的香氣蔚為風潮，蘇聯美女、時尚界名流與明星紛紛推出自己的香水品牌：歌手阿菈．普加喬娃（Alla Pugacheva）推出「阿菈」品牌香水，服裝設計師維亞切斯拉夫．扎伊采夫（Vyacheslav Zaytsev）則是瓶身復古的「瑪魯西亞」（Maroussia）。到了一九七〇年代晚期，年輕女孩們就不再使用「紅色莫斯科」或「紅罌粟」了，她們喜歡另外一種較為清新的「綠色調」的香水。幾十年來，「紅色莫斯科」的香氣出現在所有正式場合，包含迎賓、音樂會或開幕酒會等等衣香鬢影、杯觥交錯之處。如今卻漸漸變成「老女人」或「奶奶」的香水，散發著蘇聯小資產階級保守陳舊的氣味，年輕一輩並不想沾上這種味道。[175]

然後有一天，人們驚訝地發現，他們突然開始懷念起那些被自己遠遠拋在腦後的東西。這種情況，甚至可能發生在蘇聯解體三十年後，就在人們已掃淨並徹底遺忘蘇聯的灰色過往時，莫斯科儼然成為展現精品時尚的舞臺。就在古姆百貨商場附近的尼古拉街

（Никольская улица / Nikolskaya Street），從前叫做十月二十五日街（улица 25 Октября）*，連接紅場與盧比揚卡廣場，這條大街又回復它革命前的景象，成為一條絢爛奪目的購物大街，一整排全是國際知名時尚品牌分店。

多年來，尼古拉街二十三之一至二號外牆一直覆蓋著巨大的防水油布，上頭是男士時尚精品「億萬富翁」（Billionaire）的廣告，宣告此處商場將在二〇一九年秋天開幕，成為專門提供那些曾到過米蘭、巴黎和倫敦的莫斯科菁英的購物場所，裡頭有時尚、昂貴的珠寶配飾、書店、酒窖、餐廳，以及香水專賣店。這是一棟有歷史的房子，立面是折衷主義風格，建於十九世紀「奠基時期」，在一九三五年至一九四〇年代後期，蘇聯最高法院軍事審判庭便設於此建築內，也是史達林大清洗時期的中心所在。偏偏就是在這樣一個地方，屋主弗拉基米爾．達維迪（Vladimir Davidi）想要開設他的艾斯特克麗仕（Esterk Lux Parfum）香水精品店。一般認為，達維迪是個熱愛藝術，纖細易感的人，他知道普魯斯特的瑪德蓮故事，認為生活中不可以沒有莫札特及莫內。

自一九五〇年代起，這棟房子便是莫斯科軍區司令總部，蘇聯解體後曾空置一段時間，並多次易主。在尤里．魯茲柯夫（Yury Luzhkov）擔任莫斯科市長時，為了興建地下停車場及辦公大樓，大手一揮，拆除了許多歷史建築，只有房子的立面保留下來。不過也有反對的聲音，因為尼古拉街二十三號是一間獨一無二的房子：一九三七年，這座房子宣讀了成千上萬的死刑判決書；它有地道，跟盧比揚卡廣場上其它內務人民委員部辦公大樓相連。在這棟房子的一樓有個隔間，專用於讓囚犯的親人在此等候判決消息。二樓是瓦西里．烏爾里希（Vasiliy Ulrikh）的辦公室，他是蘇聯最高法院軍事審判庭庭長，也是作秀公審的負責人。法庭在三樓，從一九三六年十月開始，到一九三八年十一月月底為止，這個軍事審判庭一共宣讀了三萬一千四百五十六件死刑判決，以及六千八百五十七件監禁或進勞改營的判決。每一個案件開庭時間基本上不會超過二十分鐘，定罪並處決的人犯中有二十五名蘇聯中央人民委員、十九名加盟共和國人民委員、成千上萬名軍隊指揮官、知識份子以及國家聯合企業負責人。在這裡遭定罪且處決的人犯包括紅軍元帥米哈伊爾．圖哈切夫斯基（Mikhail Tukhachevsky）及亞歷山大．葉戈羅夫（Alexander Yegorov），老布爾什維克（Old Bolshevik Guard）成員，芭蕾舞星瑪雅．普利謝茨卡婭（Maya Plisetskaya）的父母，導演弗謝沃洛德．梅耶荷德（Vsevolod Meyerhold），以及以撒．巴別爾（Isaac Babel）與鮑里斯．皮利尼亞克（Boris Pilnyak）等作家。這些人在被槍決、屍體被送到頓

＊ 譯註：俄國十月革命發生日。

斯科伊火化場之前，大多遭受過殘酷的刑求。

偏偏選擇這樣一棟房子裡來開香水精品店！而這棟房子之所以未遭到拆除，全是因為人權組織「紀念」（Memorial）多方奔走力挽狂瀾，持續為了保存這個歷史罪惡現場作為哀悼及紀念的場所而奮鬥。直到二〇一九年十月，「新報」（Novaya Gazeta）終於發表了一篇萬人簽署抗議書，呼籲成立政治迫害紀念館。如今已八十多歲的亞力克榭・涅斯傑連科（Alexey Nesterenko），他的父親於一九三七年在此處遭到槍決，多年來他總是不斷在這棟位於尼古拉街的房子前，提醒大家重視這棟建築的歷史。社運人士也指出殘留在這棟建築中的歷史痕跡，像是鐵鑄的樓梯與欄杆、烏爾里希辦公室裡的橡木地板，以及二〇〇七年在地下室發現的子彈箱——如今地下室計畫改建成廚房及酒窖。有人提議在夜間將受害者的名字一一投射在立面外牆上，甚至應推出一款名叫「行刑槍決」（Pulya v zatylok）的香水，防止這樣一個血腥謀殺之處變成消費天堂。而且應該還要調製出一款名叫「二十三號」（No. 23）的香水，命名靈感顯然來自香奈兒的香水編號及尼古拉街房子地址：

「二十三號」，香調首先由上書死亡判決的舊紙張及墨水散放的氣味展開，接著則是潮濕地下室的霉味，緊接著進入主調氣味：彈藥的刺鼻味，揮發後取而代之的是骨灰的氣味，最後留下一縷苦澀的餘味。[176]

外章：奧爾嘉．契訶娃

德國影壇絕代女神，化妝品及青春永駐的夢想

她出生於一個定居在莫斯科的德裔俄羅斯家庭，
因內戰逃離俄羅斯，
在威瑪文化圈成為耀眼的明星，
後又周旋在銀幕幻影及野蠻納粹兩者
致命的共存與交互作用之間……

奧爾嘉・契訶娃在世時就有「德國影壇絕代女神」之稱號。在她度過燦爛輝煌的銀幕生涯後，一九八〇年於慕尼黑逝世，享年八十三歲。她參與拍攝的電影約有一百四十部，大部分出演主角，有時擔任導演。從電影年表顯示，她有時會在同一年內參與多項電影製作。與她合作的，都是當時最知名的演員及最具份量的導演，像是馬克思・歐弗斯（Max Ophüls）、卡爾・弗勒利希（Carl Froelich）與沃夫岡・利貝奈納（Wolfgang Liebeneiner）。她所參與的電影題材非常廣泛，與蘇聯有關的像是默片時代的《燃燒的邊境》以及諜報片《誘捕艾瑟》；文學作品改編的就有《諾拉》、《借貸》、《皮爾金》以及《美麗的朋友》；當然也有與普魯士歷史相關的題材，例如默劇《忘憂宮的風車磨坊》、《洛伊滕之歌》、《崔恩克傳》與《安德烈・施呂特傳》；不過最多的還是喜劇、愛情故事及劇情片，像是《加油站三人行》、《藝術家之愛》、《假面舞會》及《聖史蒂芬尖塔下的華爾滋》等等。

契訶娃在一九二一年被導演弗里德里希・穆瑙（Friedrich Murnau）發掘，是少數從默片時代成功走進有聲電影的明星。她在尚未遷居至德國前，在家鄉俄羅斯就已有表演經驗。到了威瑪時期，她已成了簡稱ＵＦＡ的「全球電影股份公司」（Universum-Film Aktiengesellschaft）最具代表的明星之一。[177] 她的演藝事業在納粹時期達到巔峰，並在戰後持續不輟，無論是舊題材新詮釋，或是在角色及導演人選上，都展現出驚人的延續性，像是《不情願的大君》、《婚姻裡的祕密》、《一切都是為了爸爸》等等。*對一整個世代的德國人來說，她是高貴優雅的化身，而且不失開朗並充滿活力。一九三三年納粹掌權後，她的許多演員同事以及曾經合作的導演，無論自願或被迫，紛紛離開德國走上流亡一途，但她卻留下來了。並且不只是留下來而已，甚至成為納粹高官在招待外賓時最樂見的陪客之一，特別是宣傳部長約瑟夫．戈培爾、外交部長姚阿幸．馮．里賓特洛甫（Joachim von Ribbentrop），以及非常仰慕她的阿道夫．希特勒，以她來陪襯自己是多麼有文化及多麼有世界觀。她也曾在某次夏季宴會上，明豔動人地坐在希特勒身邊留下合影。

就算是一位出身「契訶夫家族」（語出德國電影史學家蕾娜塔．赫爾克〔Renata Helker〕）的女星，能有這樣的成就還是令人刮目相看。著名的俄國小說家安東．契

* 電影德文名稱對照：《燃燒的邊境》*Brennende Grenze*、《誘捕艾瑟》*Lockspitzel Asew*、《諾拉》*Nora*、《借貸》*Soll und haben*、《皮爾金》*Peer Gynt*、《美麗的朋友》*Bel Ami*、《忘憂宮的風車磨坊》*Die Mühle von Sanssouci*、《洛伊滕之歌》*Der Choral von Leuthen*、《崔恩克傳》*Trenck*、《安德烈．施呂特傳》*Andreas Schlüter*、《加油站三人行》*Die Drei von der Tankstelle*、《藝術家之愛》*Künstlerliebe*、《假面舞會》*Maskerade*、《聖史蒂芬尖塔下的華爾滋》*Ein Walzer um den Stephansturm*、《不情願的大君》*Maharadscha wider Willen*、《婚姻裡的祕密》*Das Geheimnis einer Ehe*、《一切都是為了爸爸》*Alles für Papa*。

奧爾嘉・契訶娃

訶夫（Anton Chekhov）之妻是莫斯科藝術劇院傳奇女星奧爾嘉・克尼佩—契訶娃（Olga Knipper-Chekhova），也是她的姑姑；而她自己曾與演員麥可・契訶夫（Michael Chekhov）結婚，後者在移民美國後成為好萊塢明星；她的女兒艾妲（Ada）以及孫女薇拉（Vera），則在西德繼續維持這個藝術及戲劇的家族傳統。[178]

奧爾嘉・契訶娃一生的遭遇，實是大時代動盪的縮影：她出生於一個定居在莫斯科的德裔俄羅斯家庭，因內戰逃離俄羅斯，在威瑪文化圈成為耀眼的明星，後又周旋在銀幕幻影及野蠻納粹兩者致命的共存與交互作用之間，加上戰後的西德，一個幾乎稱不上「新」的「新開始」。而從那些關於她是否曾為蘇聯間諜虛實不分的報導，以及引發的廣泛討論中，更是突顯出她這一生是如何在時代的浪潮中翻滾前進。如眾所知，奧爾嘉・契訶娃在紅軍一九四五年四月底攻進柏林後，在位於蓋托區（Gatow）的家中被捕，旋即以飛機被帶往莫斯科，接受反間諜總局（縮寫為SMERSH）與內務人民委員部（縮寫為NKVD）的審訊。在長達三個月的審訊後，八月再度被帶回柏林。在已公開的檔案文件中，並無證據顯示她是蘇聯間諜，但她確實曾被人利用，當成蒐集情報的來源，特別是她的音樂家弟弟，同時也是蘇聯情報人員列夫・克尼佩（Lev Knipper）。[179]

不過，從香水帝國史的角度來看，值得關注的並非是奧爾嘉・契訶娃的銀幕成就，也不是因為她與第三帝國高層關係密切，更不是因為她與蘇聯情報偵察系統間的關係。契訶娃除了有三段人生：一在俄國，二在威瑪及納粹德國，三在戰後西德；她還身兼兩種職業，成就兩番事業：除了明星之外，她還是受過訓練，且領有證照的美容師。在她那本並不那麼可靠，且常誤導讀者的自傳中，談到她如何在電影事業尾聲開創事業第二春：「我賣掉位在柏林克拉多區（Kladow）的房子，搬到慕尼黑，在這個巴伐利亞的都會中心，開了我的第一家美容沙龍。」[180] 挾著電影巨星的聲勢，她在一九五五年創立「奧爾嘉契訶娃美容公司」（Olga Tschechowa Kosmetik OHG），最初員工只有七名，後來增至一百名，並成立實驗室，雇請化學專業人員調製獨家配方。她在這項事業投注了大量精力與心血，不僅賣掉珠寶及珍藏骨董，更重要的是，她的表現也非常專業，她自述：

……擁有來自國內外的美容學知識，幾十年前所學及後來不斷進修補充：布魯塞爾的證書，巴黎「美容大學」（Université de Beauté）的證書，以及柏林與慕尼黑大學修課證明，還去倫敦拜訪知名的俄羅斯生物學家伯侯莫雷茨教授，與他深入交談獲得許多啟發，並因此調製出我的獨家配方。從他那裡，我了解到若單單只是運用各種有機物質，並無法促進身體及細胞的再生。要達到這樣的目標，人們必須主動並持續積極配合，例如採用全面無毒飲食。[181]

除此之外，奧爾嘉・契訶娃也建立了個人的香水製造事業，這可以從她的香水目錄看出：「告白」（Annonce）、「篇章」（Chapitre）、「夫人」（Madame）、「小姐」（Mademoiselle）、「契訶夫先生」（Monsieur Tschechowa）、「南希」（Nancy）、「定理」（Theoreme）、「維斯娜」（Vesna）、「杜茜卡」（Dushenka）、「雨季」（Green Season），這些全是慕尼黑化妝品公司生產製造的產品。[182]

比起專業，更重要的是她的名氣及行銷：身為「不老的女人」，身為美容保養指導者，她到處演講並擔任顧問。她在戰後經濟起飛的年代也出版由自己書寫、或與人合編的書，像《漫談美麗》（*Plauderei über die Schönheit*），裡面附有作者親筆繪圖，或是《不老的女人：美容時尚實用指南》（*Frau ohne Alter: Schönheits- und Modebrevier*）。後者是她與醫生、生物學家以及化學家共同撰寫的，一本以美容學為基礎的手冊，也可視作給美容專業人員的實用手冊。[183] 此書時而以閒聊口吻敘述，卻又不時穿插如百科全書似的詳細條目，內容聚焦在美容保養的主要問題，從醫學知識的基礎到防止皺紋的妙方，包含解釋荷爾蒙及皮脂腺的運作功能，及各種建議像是如何睡個好覺，正確的節食方法，如何敷臉等等。除此之外還有一章〈香水聖地〉，列出作者心目中最高級的香水，並對其一一做出相當專業的介紹：「香奈兒五號」、勒隆（Lelong）、浪凡（Lanvin）、夏帕瑞麗（Schiaparelli）、迪奧、巴杜（Patou）。[184]

不過，這本書再三強調的，不在技巧或衛生觀念，而是生活態度：如果人們想要永保青春，就要培養的一種生活態度。契訶娃說自己常被人要求她透露「永保青春的祕密」，而她不相信有什麼偏方，全是依靠「自律」達成。她認為特定的生活方式才是終極奧義：「以積極樂觀的態度面對生活中的種種，無論歡樂、憂慮、困難或是失望。對身邊人事物的觀感及態度，選擇與什麼樣的人當朋友，對待朋友及陌生人的態度，對居家環境的打理，對家庭的看法，對待動物及所有生物的方式等等，簡而言之，就是在日復一日的歡樂與悲傷中，時時堅定積極樂觀的自我！」這種想法也使得全書充滿了格言式的人生指南，例如「接受生命中的一切安排」，「別把自己太當回事」，「試著在這個世上建立你自己的天堂（否則或許根本不會出現！），並懷抱著熱愛美麗事物的心態活在其中。」[185]

許多跡象顯示，契訶娃對美的見解與成功生活的想法不只是空談而已。在她的自傳裡，提過她在巴黎「美容大學」獲得證書，以及與一位伯侯莫雷茨博士會面交談。她筆下的「美容大學」指的應該是「美容科學院」（Académie Scientifique de Beauté）*，一八九

○年成立，從此一直「為美而服務」。這個機構可以說是專業美容院最原始的版本，位於巴黎聖奧諾雷大街三百七十六號，曾出版了史上第一本《女性美容需求工作指南》，設立第一所美容學校，並且發表以學術研究為基礎的美容指南。這所機構曾在巴黎所舉辦的「國際殖民博覽會」得到金牌，並在一九三六年提出第一個化妝品專利技術。為慶祝成立一百二十五週年，這個機構網站在二○一五年的貼文提到：「一百多年來，『美容科學院』以它豐富的經驗為美而服務……從一八九○年著名的『公主乳霜』（Princesse des Crèmes）到今日的『珍年輕肌底活膚精華』（Formule Merveilleuse），不斷推陳出新，令世界讚嘆不已。」[186]

而契訶娃自傳中所提到的「伯侯莫雷茨教授」又是誰？唯一的可能就是生於一八八四年，卒於一九四六年的奧雷山德·伯侯莫雷茨（Aleksandr Bogomolets / Oleksandr Bohomolets）。伯侯莫雷茨出生於烏克蘭，來自一個深具革命傳統的知識階層家庭。他的職業是醫生，在生理學、免疫學及老年學領域皆曾發表開創性的研究。此外他也參與創立烏克蘭科學院，並多次獲得學術獎章，其中包含一九四一年史達林獎、一九四四

---

* 譯註：即今日「愛卡得美」品牌。

奧雷山德・伯侯莫雷茨，1881至1946年

年的社會主義勞動英雄獎（Герой Социалистического Труда），還有兩枚列寧勳章（Орден Ленина）、衛國戰爭勳章（Орден Отечественной войны）以及紅旗勳章（Орден Красного Знамени）。[187]

一九三七年，伯侯莫雷茨是蘇聯學術界聲望最高的科學家，代表最高蘇維埃（Верховный Совет / Supreme Soviet）到巴黎參加世界博覽會。同時，奧爾嘉・克尼佩—契訶娃也率領莫斯科藝術劇院，在博覽會上表演。當時伯侯莫雷茨已有傲人的學術成就，年紀輕輕便通過教授資格鑑定，並受到諾貝爾獎得主生理學家伊凡・帕夫洛夫（Ivan Pavlov）的讚賞。一戰前他在巴黎索邦大學致力於爭取婦女權利，俄羅斯內戰期間，他自掏腰包於薩拉托夫（Saratov）設立流行病學實驗室，並研發出一種血清，可以增強傷口及骨折處的免疫反應，這種被稱為「伯侯莫雷茨血清」的藥劑，於二戰期間在傷患急救上發揮重大功能。此外，他還發明了輸血及保存血液的方法，創辦《生理學雜誌》，在基輔創立烏克蘭科學院，並於一九三〇年擔任院長。從他創立「老年學研究所」及一九三九年發表的《壽命之延長》一書，不難看出他的研究焦點命題之一就是對抗早衰。他相信，未來人類壽命可以延長到一百五十歲。伯侯莫雷茨曾在輸血研究所工作，那是列寧的政敵亞歷山大．波格丹諾夫（Alexander Bogdanov）所創立，而它的創立，顯示著一九二〇年代蘇聯興起時，對於人能夠克服疾病，甚至能戰勝死亡的想法非常流行。[188] 從托洛斯基的論述及支持生物宇宙論（Biokosmizm / Biocosmism）的名流身上，都可以證明這點。尋找延長壽命的方法，不僅推動伯侯莫雷茨的研究，連史達林也深感興趣，即便他的統治導致數百萬人的死亡。與之呼應的，便是契訶娃的「不老的女人」，很顯然的，這是一個超越國界的夢想。

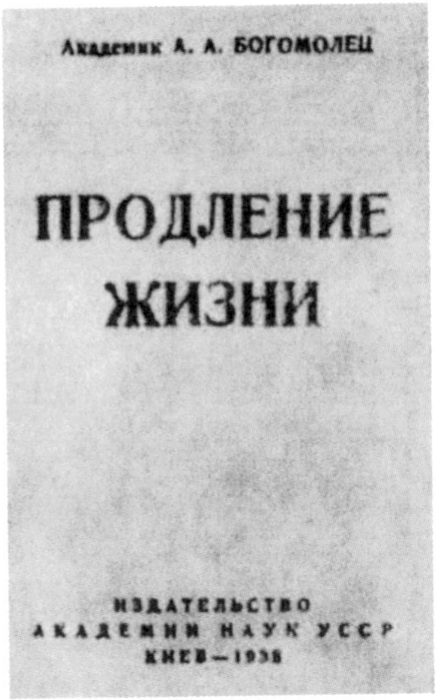

奧雷山德．伯侯莫雷茨所著《壽命之延長》一書，1939 年發表於基輔

和平世界的氣味

「紅色莫斯科」又出現在市場上，
一種面對舊有事物，
嶄新的自傲情緒產生了。

對許多人來說，蘇聯的解體並非像俄羅斯總統普丁（Vladimir Putin）所稱是「二十世紀地緣政治一場最大的災難」，而是一連串可說是不幸中之大幸的小劫難。就像俄羅斯化妝品及香水工業，原來引領時尚風潮的香水生產中心，突然變成了邊緣，而且還分散在不同的國家：里加的「辛妲斯」（Dzintars）、基輔的「烈焰紅帆」（Alye Parusa）、提比里斯的「伊維莉亞」以及其他香水廠，如今散布在各個新獨立的國家。不只來自克里米亞及中亞香料農場的精油原料供應中斷，銷售管道也全部停擺。更糟糕的是，即便有再好的聲譽，國內品牌仍無法撐住外國品牌蜂擁而入所造成的壓力。[189]國際大廠的品牌商標開始出現在前蘇聯地區的幾個主要大城：羅莎、嬌蘭、迪奧、古馳（Gucci）等等。旗艦店也不只開在紐約、東京、香港或是上海，也出現在特維爾大街等莫斯科奢華精品區。而俄羅斯的化妝品及香水大廠如新黎明或北方等，不是陷入暫時停工或永久關閉的下場，就是被人接收，由外國公司管理。

不僅如此，靈敏的鼻子還嗅出更多的問題：消失的不只是品牌名稱而已，連蘇聯香水獨特的香味都不見了。改用來自世界其他角落的香精作為原料，生產出來的自然也是不同的香水，有著不同的香調與不同的香氣。就算味道再迷人，難道也還能算是「我們」——祖國俄羅斯——的香水嗎？熟悉蘇聯及俄羅斯香水工業的行家不禁憂心忡忡，他們抱怨品質一落千丈，以往嚴格品質控管下的商品標準已不復見，處處充斥仿冒品，淹沒整個國家。在社會主義分配制度崩潰後，出現了數十萬專門跑單幫的旅人，一邊替社會帶進需要的貨物，一邊為自己謀求更高的收益，寄望能在艱困的時代養家活口。數十萬的單幫客，如螞蟻般來回穿梭，週復一週、月復一月，維持著國內與國外市場間的貿易聯繫。數十萬的人們，在莫斯科與杜拜之間，在奧德薩與伊斯坦堡之間，在舊稱列寧格勒的聖彼得堡與赫爾辛基之間，在舊稱斯維爾德洛夫斯克（Sverdlovsk）的葉卡捷琳堡與天津之間來回穿梭擺盪，維持貨物供需流通，若沒有他們，整個國家的供應系統很可能完全崩潰。他們提供的貨物，除了糧食，還有各種民生消費用品。

若曾在一九九〇年代造訪過莫斯科奧林匹克體育場旁的市集，或是列寧格勒地鐵終點站，又或是烏克蘭東南邊最大的市場——奧德薩市郊的第七公里市場（Seventh Kilometer Market），都會對一夜之間突然出現的大型集散市集感到驚訝不已。這些正是現代版的商隊驛站，包羅萬象，應有盡有：跨國長途巴士站、警察局、速食餐廳、廉價簡陋的過夜場所，以及由帳篷及疊了好幾層貨櫃搭建出來的一座座小城市，這一切都讓人不禁想起古代的貿易中心：露天市場、中世紀的市場大廳、擁擠喧鬧的集市，以及拱形購物長廊的世界。這種現象無法稱之為黑市，因它都是在光天化日下，於市郊寬闊大片的空地上公開進行。在很長的一段時間裡，這種非正式但卻真實的經濟活動，遠遠超過那些有統計數字，但卻虛幻的正規經濟。在那裡沒有買不到的東西，有銳步（Reebok）、愛迪達、土耳其皮件、義大利時尚品牌、韓國消費電子產品、來自波登湖（Bodensee）畔的蘋果汁、保險套、婚紗、還有衛浴設備等等不及備載。這張長到沒有盡頭的清單，真實反映出一個失能社會的所有需求。而香水，自然不可能缺席。世上所有品牌，所有價格等級，從伊斯坦堡、那不勒斯、亞歷山大港及烏魯木齊等地購入，再轉售到俄羅斯境內最偏僻的鄉鎮。從亞曼尼（Armani）、卡地亞、香奈兒、伊麗莎白雅頓（Elizabeth Arden）到傑尼亞（Ermenegildo Zegna），所有品牌都有，不過當然全是仿冒品。當時那個年代，光是品牌名稱標籤，便足以賦予配戴者如同成功人士的光環，產品真偽並不重要。這些在東歐及前蘇聯地區的新興市場，實際上是零星散落的平行市場：一邊是以旗艦店與豪華精品店為主的奢侈品消費區，另一邊則是充斥著仿冒品、連小老百姓都買得起的各種集市。190

國際化妝品及香水公司強勢進入前共產陣營新興市場，並迅速地在後蘇聯時代的各大都會最佳地段佔有一席之地，這種現象不僅顯現前蘇聯品牌的弱勢，同時也展現這些奢侈品產業公司強大的權力，這些公司乘著第二次全球化的浪潮成為最具權勢的全球玩家。191路易威登（Louis Vuitton）、伊麗莎白雅頓、普拉達（Prada）及香奈兒，幾乎是在一夕之間便已就定位。國際奢侈品大廠在最高級的場所推出他們的時裝秀，像是卡爾·拉格斐就在莫斯科小劇院（Малый театр / Maly Theatre）舉辦他的服裝秀。[192]西方時尚品牌挪用各種俄羅斯文化遺產：帝俄貴族的奢華，白銀時代的精緻，以及前衛藝術中令人耳目一新的抽象形式。路易威登在公司週年慶時，特別製作了一個兩層樓高的旅行箱，專門展示公司歷史。這個巨大的旅行箱聳立在燈火輝煌的古姆百貨商場前，與紅場另一邊列寧陵墓相互輝映。[193]而西方香水成功佔領市場，只是前蘇聯中心大城生活方式革命中的一個面向，儘管是相當重要的面向。這種「場景的變化」——這是以十九世紀俄羅斯文學對革命一事委婉隱諱的說法——發生在各種層面上：人們換新裝潢，去加納利群島（Canary Islands）或威尼斯旅遊，改吃法國乳酪，改喝紅酒。這些對某些人來說代表異文化入侵的現象，很快便引發回應：許多人開始尋找逝去的過往，那個散發著蘇聯時期特殊氣味的時代。

老品牌被重新塑造，重新打開知名度，「紅色莫斯科」又出現在市場上，一種面對舊有事物、嶄新的自傲情緒產生了。人們開始大規模尋找消逝過往所留下的所有痕跡與遺物。在每個市集或跳蚤市場，至少都會有那麼一攤，擺著蘇聯時期甚或帝俄時期的香水瓶，而對香水歷史瞭若指掌的專家與行家，更不會放過任何可以擴充私人收藏的機會。網路上諸多網站，貼滿了各種發現與遺失之物，還有各種學術評論，以及舊照片的貼文。在這個懷舊的虛擬空間中，香水瓶是焦點之一，一整個世代的集體記憶都圍繞著它。不斷有人推動設立香水與化妝品博物館：莫斯科時尚博物館設立於基泰格羅德區（Kitay-gorod）伊林卡街（Ilyinka Stree）四號；香水博物館則位在阿爾巴特徒步街（Arbatskaya Ulitsa）三十六之二號。除此之外還有各種印刷精美的出版品，介紹香水瓶及講述蘇聯香水歷史。無可避免的，這也造成骨董香水價格飆漲：一瓶未開封的「特萊諾伊」古龍水，幾年前的價格已是三萬五千盧布，約合七百歐元。直到今日，只要在穿過機場免稅區時，遠遠將全世界到處都可以聞到的香水氣味拋到身後，人們依然能夠找到這樣的骨董珍品。

不只是「黑色方塊」

馬列維奇的香水瓶

就在創作者及消費者都不留意的狀況下，
藝術與日常生活找到彼此，
共存了一整個
充滿改朝換代、傳承斷裂與災難的世紀。

在這股尋找往昔之美及遺失之物的懷舊風潮下，卡西米爾．馬列維奇的香水瓶也佔有一席之地。莫斯科有座展覽館，頂部豎立著一尊雕像，正是雕塑家薇拉．穆欣娜於一九三七年巴黎世界博覽會上，在蘇聯展館所展示的巨大雕塑「工人和集體農場婦女」。二〇一七年底一八年初，這座以「工人和集體農場婦女」為名的展覽館舉辦了一場展覽，展覽名稱是「不只是黑色方塊」。這個展覽，即使對熟悉馬列維奇的觀眾來說，仍是相當聳動，因為主辦單位宣稱，蘇聯知名古龍水「北方」香水瓶的設計師，就是馬列維奇。卡西米爾．馬列維奇，這個用「黑色方塊」打開現代抽象主義大門的藝術家，竟然曾經設計過香水瓶這麼世俗的物品，而且還是在革命之前！亞歷山德拉．沙茨奇克（Alexandra Shatskikh）可以說是最了解馬列維奇與夏卡爾（Marc Chagall）的專家，他追蹤這條線索已經有一段時間，現在總算確定這個事實。沙茨奇克與馬列維奇的後代一直保持密切的聯繫，她在他們的房子裡找到線索，顯示這位藝術家早年剛從庫爾斯克來到莫斯科時，為了養家餬口，曾經接過商業委託，從事與藝術創作無關的工作：海報、廣告、插圖，以及設計草稿。接手父親香水事業的亞歷山大．布羅卡（Alexander Brokar），是一個深具藝術修養的收藏家，他委託馬列維奇為「北方」古龍水設計香水瓶。[194] 根據沙茨奇克的研究，這應該是一九一〇年左右的事。當時馬列維奇的印象派象徵主義畫作，以色澤明亮鮮豔的風景畫及肖像畫著稱，他會接受委託，純粹只是為了營生。不過短短幾年，就在一九一五年或一九一六年，他便創作出「黑色方塊」及其宣言，一躍而成抽象主義的先鋒及至上主義（Suprematism）的創始者且名揚四海。[195]

馬列維奇所設計的香水瓶高十九點五公分，由三個部分組成。瓶身主體是表面有冰裂紋（Craquelure）的拋光水晶，上有玻璃瓶塞密封，包覆瓶塞的是塊不規則形狀的玻璃，顯然代表冰山。冰山上則站著一隻精心雕琢的北極熊，四肢緊緊踩在冰山上，彷彿深怕自己會滑下去。北極熊的爪子、毛、尾巴與臉部線條柔軟細膩。馬列維奇這個設計是由專精於玻璃藝術的藝術家雅德．雅各甫蕾娜．雅各布森（Adel Yakovlevna Yakobson）動手完成。很可能因為如此，所以香水瓶真正的設計師馬列維奇反而被人們遺忘。自從一九一一年這只香水瓶問世後，這頭站在冰山上的北極熊就成為北方古龍水的註冊商標，一直持續到一九九六年暫停生產為止。「北方」古龍水共賣出數百萬瓶，與「夏普」及「特萊諾伊」並列為蘇聯最受歡迎的古龍水。而這只香水瓶流傳了幾個世代，瓶蓋上的那頭北極熊陪伴了好幾百萬人長大。雖然北極熊於期間經過修改，已變得不那麼細膩，但仍然是註冊商標上的那頭北極熊。它是一種象徵，是真正的「記憶所繫之處」（lieu de memoire）。[196]*

馬列維奇必定對玻璃研磨等技術細節瞭若指掌，至少在他某些畫作中呈現出這種狀

卡西米爾．馬列維奇，《磨刀機，或是閃光原理》，1912至1913年作，耶魯大學美術館藏

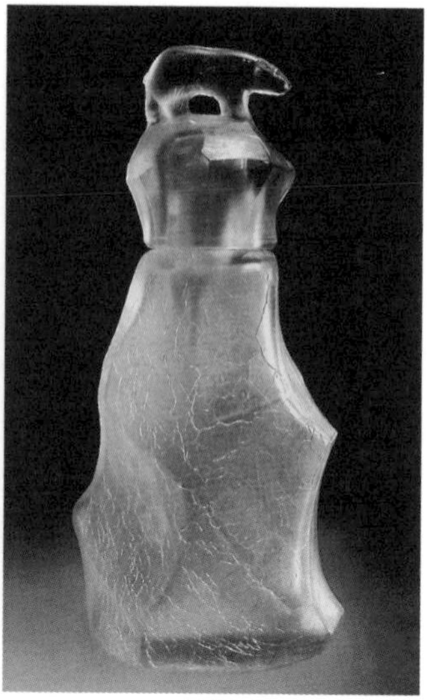

卡西米爾．馬列維奇所設計，瓶蓋上有隻北極熊的「北方」古龍水香水瓶

況，例如充滿立體主義與未來主義畫風的作品《磨刀機，或是閃光原理》（Glasschleifer / The Knife Grinder, or Principle of Glittering）或《香水盒》（Parfumschatulle）[197]除此之外，亞歷山德拉．沙茨奇克根據一張「北方」的廣告海報上面一隻站在夜幕之前的北極熊，合理地推斷出，這個有著初升太陽四射線條的夜幕，與馬列維奇和其他前衛藝術家如維利米爾．赫列勃尼科夫（Velimir Khlebnikov）、米哈伊爾．馬修申（Mikhail Matyushin）以及阿列克謝．克魯切尼克（Aleksei Kruchenykh）所創作的歌劇《戰勝太陽》有直接的關係。這齣在一九一三

年首演的歌劇，被視為一種充滿革命性與未來性之整體藝術（Gesamtkunstwerk）的創始宣言。而它發展的時間，與馬列維奇的同胞與同時代人謝爾蓋・達基列夫在巴黎創立俄羅斯芭蕾舞團的時間，幾乎可以說是重疊的。[198]

「雷萊特一號」香水瓶

馬列維奇這只有著北極熊的香水瓶，也展現出當時的「時代精神」。二十世紀初，各國競相奔向北極，研究這塊人類尚未開發的處女地，並展開一場全球矚目的競賽：一九〇八年弗雷德里克・庫克（Frederick Cook）出發到北極探險，一九〇九年則是羅伯特・培里（Robert Peary）。俄國革命後，蘇聯將征服北極放入國家發展計畫，飛越北極、開通東北航線（Северный морской путь / Northeast Passage）在一九三〇年代是蘇聯大眾媒體及政治宣傳的熱門事件。[199]一瓶以北方為名，還有一隻北極熊為註冊商標的古龍水，因此也成為蘇聯日常生活中不可或缺之物。

* 譯註：語出法國歷史學家皮耶・諾哈（Pierre Nora）。

而這個關於馬列維奇的意外發現，或許也會重新引起關於「香奈兒五號」香水瓶起源的探討。曾經有藝術史學家認為，這只紐約現代藝術博物館中的經典作品，瓶身簡約且有極簡主義風格，但與皮特・蒙德里安（Piet Mondrian）幾何抽象的極簡主義並無太大關係，而應是源自沙皇軍隊裡軍官隨身攜帶，形式簡單的酒瓶，這種酒瓶有個波羅地海德意志語的名字：štof / Shtof。不少證據顯示，這種拿來裝伏特加的瓶子曾是香水瓶設計的模仿樣本，像是歐內斯特・博於一九一四年所推出，比「香奈兒五號」早幾年問世的雷萊特一號。[200]

Schtof酒瓶

無論如何，跨越世代的數百萬人使用了「北方」古龍水幾十年，將它視作一般日常生活用品，完全不知道這個設計出自馬列維奇這個天才藝術家之手。儘管設計者及使用者都毫不知情，但它將藝術設計融入一般日常生活用品，實現了前衛藝術思想中，將日常生活美學化的夢想。就在創作者及消費者都不留意的狀況下，藝術與日常生活找到彼此，共存了一整個充滿改朝換代、傳承斷裂與災難的世紀。

如今，「極端的年代」業已結束，是時候將這些有著共同源頭、卻分別平行發展的歷史收攏。我們必須回到那個因一次大戰及俄羅斯革命而中斷的全球化時代，在那個時代，一位優秀的調香師調製出來的一滴香水，發展出兩條不同的生產線，各別對數百萬人而言，都是馥郁芬芳與魅力之代表。即便生活於其中的人們毫無意識，但這兩條線發展之間的共同點，實際上是非常多的。

如今，隱密不見的關係既然已重見天日，這些香水也能再一字排開放在一起展示，一個世界級的香水檔案資料館或博物館，將會是個令它們聚集在一起的好地方。或許在法國蔚藍海岸的格拉斯，這裡是所有故事的開端，並且已有香水博物館；也或許可以在位於凡爾賽的香水檔案館（Osmothèque），這裡離巴黎這個世界香水之都非常近；也可以在莫斯科，那個正在釐清自己歷史的城市；抑或紐約現代藝術博物館，那裡除了展出「香奈兒五號」之外，現在也有「紅色莫斯科」，甚至還有卡西米爾·馬列維奇的「站在冰山上的北極熊」了。

ers. https://www.fragrantica.com/news/Famous-Artistsas-Perfume-Bottle-and-Packaging-Designers-10473.html (2019.03.05)；Philip Goutell: Lightyears-Collection. Perfume Projects: www.perfumeprojects.com/museum/Museum.shtml (2019.10.30)； 關於裝伏特加的瓶子與液體容器 štof 請參考：Geneviève Delafon: Un flacon, un parfum, tout un numéro, in: *Les Chroniques* No 62 –Decembre 2016, pp. 36 – 41； 以及百科全書中之條目: Ėncikopedičeskij slovar Brokgauza i Efrona, 78 t., Sankt Petersburg 1903, p. 921.

190 關於跑單幫的旅人、市集及不見於官方紀錄的貿易發展請見：Karl Schlögel: Archipel Europa, in: id.: *Marjampole oder Europas Wiederkehr aus dem Geist der Städte*, München 2005, pp. 65 – 86.

191 Gianluigi Guido: The Luxury Fashion Market in Russia, in: *Handbook of research on global fashion management and merchandizing*, Hershey, PA 2016, pp. 670 – 694.

192 Moritz Gathmann: Lagerfelds Mode für Moskau. Ein Hauch zu viel: http://www.spiegel.de/panorama/leute/lagerfelds-mode-fuermoskau-ein-hauch-zu-viel-a-627876.html (2019.03.05).

193 Karl Schlögel: Die Farbe der Globalisierung. Der Vuitton-Koffer auf dem Roten Platz, in: *Tumult. Vierteljahresschrift für Konsensstörung*, Winter 2014/2015, pp. 29 – 31.

194 Aleksandra Šatskich: Flakon Maleviča: upakovka mečty, Artguide from 2017.12.06, http://artguide.com/posts/1382 (2019.03.05)；Sergey Borisov: Famous Artists as Perfume Bottle and Packaging Designers: https://www.fragrantica.com/news/Famous-Artists-as-Perfume-Bottle-and-Packaging-Designers-10473.html (2019.03.05)；Jillian Steinhauer: Kazimir Malevich's Little-Known Perfume Bottle: https://hyperallergic.com/138287/kazimir-malevichs-little-known-perfumebottle/ (2019.03.05)； Dolgopolova: *Parfjumerija v SSSR*, I, p. 109.

195 關於馬列維奇的作品請見：Larissa A. Shadowa: *Malewitsch. Kasimir Malewitsch und sein Kreis. Suche und Experiment. Aus der Geschichte der russischen und sowjetischen Kunst zwischen 1910 und 1930*, München 1982.

196 這支北極熊香水瓶出現在眾多的廣告海報上：Aleksandra Šatskich: Flakon Maleviča: upakovka mečty, Artguide from 2017.12.06： http://artguide.com/posts/1382 (2019.03.05).

197 一九一三年的作品「香水盒」請見展覽目錄：Kazimir Malevich 1878 – 1935, Leningrad/Moscow/Amsterdam 1988, p. 93.

198 A. Šatskich: Flakon Maleviča: upakovka mečty； Christiane Bauermeister et. al.: *Sieg über die Sonne. Aspekte russischer Kunst zu Beginn des 20.* Jahrhunderts. Ausstellung der Akademie der Künste und der Berliner Festwochen, Berlin 1983.

199 Mikhail Vodopyanov: *Die Eroberung des Nordpols*, London 1938；另參見：Schlögel: *Terror und Traum*, pp. 361 – 385.

200 Sergey Borisov: Famous Artists as Perfume Bottle and Packaging Design-

177 關於全球電影股份公司（UfA）請見：Klaus Kreimeier: *Die Ufa-Story. Geschichte eines Filmkonzerns*, München 1992.

178 關於契訶夫家族請參閱：Renata Helker: *Die Tschechows. Wege in die Moderne*. Ed. by Deutschen Theatermuseum München, München 2005. 其中有契訶夫家族族譜圖。

179 關於奧爾嘉·契訶娃二戰時的種種糾葛可參閱這本謹慎詳實的專書：Antony Beevor: *Die Akte Olga Tschechowa. Das Geheimnis von Hitlers Lieblingsschauspielerin*, München 2004；此外還有：Maja Turovskaja: Kazus Olgi Čechovoj, in: *Snob* 2014 (dekabr- 2015, fevral)；Mark Kušnirov: *Olga Čechova*, Moskva 2015；Nikolaj Dolgopolov: Neizvestnaja rol Olgi Čechovoj, in: *Rodina* No 6 (616, https://.rg.ru/2016/06/09/rodina-chechova.html (2019.08.01).

180 Olga Tschechowa: *Meine Uhren gehen anders*, München/Berlin 1973, p. 253.

181 Olga Tschechowa: *Meine Uhren gehen anders*, München/Berlin 1973, p. 253. Kušnirov正確指出，這場會面比較可能是在巴黎而非倫敦。

182 關於奧爾嘉·契訶娃調製的香水可參見：https://www.parfum.de/s_ext.php?new=1&q=tschechowa (2019.08.03).

183 Olga Tschechowa: *Plauderei über die Schönheit!*, Berlin 1949.

184 Olga Tschechowa & Günter René Evers: *Frau ohne Alter. Schönheits- und Modebrevier*, München 1952, pp. 337, 339.

185 Tschechowa: *Plauderei über die Schönheit!*, pp. 43 f., p. 46.

186 Académie Scientifique de beauté德文官網：http://www.academiebeaute.de/de/the-brand/history.html (2019.03.09).

187 Aleksandr A. Bogomolec: *Prodlenie žizni*, Kiev 1940；關於奧雷山德·伯侯莫雷茨學術成就請見：Jurij Vilenskij: Naučnoe nasledie akademika A. A. Bogomol'ca (k 130-letiju so dnja roždenija), in: *Fiziologičeskij* žurnal 2011, t.57, No 3, pp. 88 – 95；Aleksandr A. Bogomolec: https://ru.wikipedia.org/wiki/Богомолец,_Александр_Александрович (2019.08.12).

188 Michael Hagemeister: »Unser Körper muss unser Werk sein«. *Beherrschung der Natur und Überwindung des Todes in russischen Projekten des frühen 20. Jahrhunderts. Die Neue Menschheit. Biopolitische Utopien in Russland zu Beginn des 20. Jahrhunderts*, edited by Boris Groys & Michael Hagemeister, Frankfurt/Main 2005, pp. 19 – 67.

189 關於「改變後的莫斯科」請見：Schlögel: *Moskau lesen: Verwandlungen einer Metropole*, Munich 2011, pp. 347 – 467.

請見Parfjumernyj網路論壇；以及Natalya Dolgopolova: *Parfjumerija v SSSR*. Kniga vtoraja, p. 16.

164 關於《解凍》請見：Ilja Ehrenburg: *Tauwetter*, Berlin 1957；Sergei Zhuk: *Rock and Roll in the Rocket City: The West, Identity, and Ideology in Soviet Dniepropetrovsk*, Baltimore 2010；以及2017年莫斯科展覽目錄：*Ottepel'. Gosudarstvennaja Tret'jakovskaja Galereja*, Moskva 2017.

165 Wladimir Dudinzew: *Der Mensch lebt nicht vom Brot allein*, Gütersloh 1958.

166 Schlögel: *Das sowjetische Jahrhundert*, p. 608 – 612.

167 關於各調香師簡述請見：Dolgopolova: *Parfjumerija v SSSR*, II, pp. 310 – 324；Melodii Trav. Istorija parfjumerii. Čast' 3. Flakony. Prodolženie: https://www.livemaster.ru/topic/309251-Istoriya-parfyumerii-chast-3-flakony-prodolzhenie (2019.03.11).

168 Dolgopolova: *Parfjumerija v SSSR*, II, p. 167.

169 Dolgopolova: *Parfjumerija v SSSR*, II, p. 121.

170 Dolgopolova: *Parfjumerija v SSSR*, II, p. 169.

171 引自：Dolgopolova: *Parfjumerija v SSSR*, II, p. 113；Eleonory Gilburd: *To See Paris and Die. The Soviet Lives of Western Culture*, Cambridge/Mass. 2018.

172 Dolgopolova: *Parfjumerija v SSSR*, II, p. 14.

173 Dolgopolova: *Parfjumerija v SSSR*, II, p. 6, p. 25.

174 關於蘇聯「紅罌粟」與聖羅蘭「鴉片」創作先後與靈感來源，也有許多討論，請見：Roland Barthes: The match between Chanel and Courrèges. As refereed by a philosopher, *Marie Clair*, 1967 九月份，翻印於：Jean-Louis Froment: *No.5 Culture Chanel, Ausstellung im Palais de Tokyo*, New York 2013, S. 43 – 44.

175 Dolgopolova: *Parfjumerija v SSSR*, II, p. 104.

176 此處參考：Aleksej Polikovskij: Parfjum »Pulja v zatylok«, in: *Novaja gazeta* vom 30. Oktober 2019. https://www.novayagazeta.ru/articles/2019/10/30/82556-parfyumpulya-v-zatylok (2019.11.06)；Konstantin Michajlov: Rasstrel'nyj butik na Nikol'skoj, in: *Kommersant* vom 2019.11.06. https://www.kommersant.ru/doc/3656607(2019.11.06)；Peticija »Novoj« protiv otkrytija butika v Rasstrel'nom Dome podpisali 30 tysjač čelovek, in: *Novaja gazeta*, 2019.11.04； Jurij Birjukov: Istorija »rasstrel'nogo doma« na Nikol'skoj. https://archnadzor-ru.livejournal.com/259762.html (2019.11.06).

148 Louis Rapoport: *Stalin's War Against the Jews. The Doctors' Plot and the Soviet Solution*, New York 1990.

149 關於對抗「世界主義者及錫安主義者」運動請見：G. Kostyrčenko: *Stalin protiv »kosmopolitov«. Vlast' i evrejskaja intelligencija v SSSR*, Moskva 2009；Arno Lustiger: *Rotbuch: Stalin und die Juden. Die tragische Geschichte des Jüdischen Antifaschistischen Komitees und der sowjetischen Juden*, Berlin 1998；關於莉娜・施特恩請見：https://www.sakharov-center.ru/asfcd/auth/?t=author%20&i=1484 (2019.09.01).

150 莫洛托夫多次強調殲滅第五縱隊的必要性，參見：Feliks Čuev: *Sto sorok besed s Molotovym*, pp. 390, 428.

151 尼科諾夫（Nikonov）多次引用莫洛托夫書信，此處請見：Nikonov: *Molotov. Naše delo pravoe*, p. 264.

152 Feliks Čuev: *Sto sorok besed s Molotovym*, p. 173.

153 Jean Cocteau: 'Le retour de Mademoiselle Chanel', in: *Femina*, mars 1954，翻印於：Jean-Louis Froment: *No.5 Culture Chanel, Ausstellung im Palais de Tokyo*, New York 2013, p. 5.

154 關於布托沃及科穆納爾卡刑場槍決程序請見：Schlögel: *Terror und Traum*, p. 617。

155 Rindisbacher: *The Smell of Books*；Ekaterina Žirickaja: 'Zapakh Kolymy', Teoriya mody, 28, 2013, http://www.intelros.ru/readroom/teoriya-mody/28 – 2013/20289-zapah-kolymy.html (2019.09.01).

156 引自：Rindisbacher: *The Smell of Books*, p. 260.

157 Rudolf Höß: *Kommandant in Auschwitz. Autobiographische Aufzeichnungen des Rudolf Höß*, ed. by Martin Broszat, München 1963, pp. 166, 132.

158 Olga Lengyel: *Five Chimneys: The Story of Auschwitz*, Chicago 1947，引自：Rindisbacher: *The Smell of Books*, pp. 240 ff.

159 Olga Lengyel: *Five Chimneys*，引自：Rindisbacher: The Smell of Books, pp. 242, 243.

160 Primo Levi: *Survival in Auschwitz and The Reawakening*, New York 1986，引自：Rindisbacher: The Smell of Books, p. 244.

161 Ekaterina Žirickaja: Zapach Kolymy: http://www.intelros.ru/readroom/teoriya-mody/28-2013/20291-zapah-kolymy.html (2019.03.18).

162 Ekaterina Žirickaja: Zapach Kolymy; Warlam Schalamow: Die Auferweckung der Lärche. Erzählungen aus Kolyma 4, ed. by Franziska Thun-Hohenstein, transl. by Gabriele Leupold, Berlin 2011.

163 戰爭中摧毀的列寧格勒香水廠「北極光」（Severnoe Siyanie）照片

trauliche Berichte über die Sowjetunion bis Oktober 1941, Zürich 1943, p. 87,（1937年3月14日之紀錄）。

133 Joseph E. Davies: *Als USA-Botschafter in Moskau*, p. 87.

134 Joseph E. Davies: *Als USA-Botschafter in Moskau*, p. 334.

135 Slezkine: *Das Haus der Regierung*, p. 679 f.。亞歷山大·愛羅索夫這位具有世界觀的外交官及作家，是蘇聯文化外交的靈魂人物，生於一八九〇年，卒於一九三八年年，是大清洗的受害者，請參見：Michael David-Fox: *Showcasing the Great Experiment*.

136 Hans Rogger: »Amerikanizm and the Economic Development of Russia«, in: Comparative Studies in Society and History 23 (1981), pp. 382 – 420.

137 關於審訊請見：Vjačeslav Nikonov: *Molotov. Naše delo pravoe*, Moskva 2016, pp. 19 f.；Delo Evrejskogo Antifašistskogo Komiteta, Dokument No 2, Zapiska M. F. Skirjatova i V. S. Abakumova o P. S. Žemčužinoj 1948.12.27, in: RGASPI, f.589, op.3, d.6188, l.25 – 31，複印本請見：https://www.alexanderyakovlev.org/copyright (2019.03.15).

138 Vjačeslav Nikonov: *Molotov. Naše delo pravoe*, p. 20.

139 Dimitroff: *Tagebücher 1933 – 1943*, p. 348；以及 Nikonov: *Molotov. Naše delo pravoe*, p. 76.

140 Kotkin: *Stalin*. Vol. II: *Waiting for Hitler, 1928 – 1941*, p. 692； Oleg V. Chlevnjuk: *Stalinskoe politbjuro. Mechanizmy političeskoj bor'by v 1930-e gody*, Moskva 1996, pp. 171 – 172 & 242 – 243.

141 Vasileva: *Kremlevskie ženy*, p. 67。我並未找到1924年出國旅行的資料，但1946年的美國行則與「猶太反法西斯委員會」有關。

142 德文版：Wassili Grossman/Ilja Ehrenburg: *Das Schwarzbuch, der Genozid an den sowjetischen Juden*, ed. by Arno Lustiger, Reinbek bei Hamburg 1995.

143 Golda Meir: *Mein Leben*, Frankfurt/Main 1983, pp. 258 f.

144 Delo Evrejskogo Antifašistskogo Komiteta, Dokument No 14, L. P. Berija – v prezidium CK KPSS o rezul'tatach izučenija obstojatelstv aresta izučenija P. S. Žemčužinoj, 12.05.1953. AP RF, f.3., op.32, d.17, l.131 – 134, in: https://www.alexanderyakovlev.org/copyright (2019.01.21).

145 關於史達林晚期反猶運動請見：Frank Grüner: *Patrioten und Kosmopoliten. Juden im Sowjetstaat 1941 – 1953*, Köln 2008.

146 鐵娘子一詞出自Nina Berberovas傳記小說：*Železnaja ženščina*, Moskva 2009.

147 Fitzpatrick: *On Stalin's Team*, pp. 204 – 208.

123 關於香奈兒與韋特海默公司之間糾紛請見：Hal Vaughan: *Coco Chanel – Der schwarze Engel*, pp. 225 ff.

124 此處皆引自：Hal Vaughan: *Coco Chanel – Der schwarze Engel*, S. 273 ff.。關於香奈兒重回巴黎請見：Jean-Louis Froment: No. 5 Culture Chanel, Ausstellung im Palais de Tokyo, New York 2013.

125 上述資料來自：Larisa Vasileva: Kremlevskie ženy: Fakty, vospominanija, dokumenty, sluchi, legendy i vzgljad avtora, Moskva 1993，以及youtube上影片；Polina Žemčužina –biografija, informacija, ličnaja žizn：http://www.knowbysight.info/ (2019.03.14)；http://stuki-druki.dom/authors/Zhemchuzhina-Polina.php (2019.03.18)；https://de.wikipedia.org/wiki/Polina_Semjonowna_Schemtschuschina (2019.03.15)；Fitzpatrick: *On Stalin's Team*, p. 331.

126 »Die prominenteste sowjetische Frau Polina Schemtschuschina (Molotowa) war die Leiterin der sowjetischen Parfüm- und Kosmetikindustrie «, Yuri Slezkine: *Das Haus der Regierung. Eine Saga der russischen Revolution*, München 2018, p. 764.

127 Yuri Slezkine: *Das jüdische Jahrhundert*, Göttingen 2006.

128 Allilujewa: *Zwanzig Briefe an einen Freund*, p. 163；關於1949年初被捕請見頁275。

129 菲力克斯・奎瓦（Feliks Čuev）多次提及此事：Feliks Čuev: *Sto sorok besed s Molotovym*, Moskva 1991；http://stalinism.ru/elektronnaya-biblioteka/sto-sorokbesed-s-molotovyim.html? (2019.08.12).

130 參見若列斯・梅德韋傑夫（Zhores Medvedev）的分析，例如：Delo Evrejskogo Antifašistskogo Komiteta, Dokument No 2, Zapiska M. F. Skirjatova i V. S. Abakumova o P. S. Žemčužinoj 27.12.1948, in: RGASPI, f.589, op.3, d.6188, l.25 – 31，複印本請見：https://www.alexanderyakovlev.org/copyright (2019.03.15)；Delo Evrejskogo Antifašistskogo Komiteta, Dokument No 14, L. P. Berija – v prezidium CK KPSS o rezul'tatach izučenija obstojatel'stv aresta izučenija P. S. Žemčužinoj, 12.05.1953. AP RF, f.3, op.32, d.17, l.131 – 134, in: https://www.alexanderyakovlev.org/copyright (2019.03.15).

131 關於這段時期蘇聯猶太公民與國外親友書信來往的情況請見：Leonid I. Smilovitsky: Jews from the USSR write abroad (Letters and Diaries of World War II as a Historical Source), Part I, Russkii Arkhiv, 2017, 5(1), p. 12 – 32；Part II, Russkii Arkhiv, 2017, 5(2), pp. 106 – 124.

132 Joseph E. Davies: *Als USA-Botschafter in Moskau. Authentische und ver-*

六日被蘇聯最高法院軍事法庭判處死刑，一九四一年七月二十八日行刑，一九五六年平反。

114 海報照片見於網路論壇Parfjumernyj。

115 關於香水與權力之間的關係參見：Classen/Howes/Synnott: *Aroma*。

116 關於波林娜・熱姆丘任娜—莫洛托夫生平請見：Larisa Vasileva: *Kremlevskie ženy. Fakty, vospominanija, dokumenty, sluchi, legendy i vzgljad avtora*, Moskva 1993；Boris Morozov: »Zhemchuzhina, Polina Semenovna.«, in: YIVO Encyclopedia of Jews in Eastern Europe；http://www.yivoencyclopedia.org/article.aspx/Zhemchuzhina_Polina_Semenovna. (2010.11.12)；影像資料：https://www.youtube.com/watch?v=DbXeJOhMQiQ (2019.03.15)；生平簡述請見：Georgi Dimitroff: *Tagebücher 1933-1943*. ed. by Bernhard H. Bayerlein, Bd. 2, Berlin 2000, p. 629；Sheila Fitzpatrick: *On Stalin's Team. The Years of Living Dangerously in Soviet Politics*, Princeton 2015；Stephen Kotkin: *Stalin*. Vol. II: Waiting for Hitler, 1928 – 1941, London 2017； Swetlana Allilujewa: *Zwanzig Briefe an einen Freund*, Zürich o. J. 其他可靠的網路資料來源： http://www.pseudology.org/ (2019.03.15)；https://de.wikipedia.org/wiki/Polina_Semjonowna_Schemtschuschina (2019.01.21)；https://www.e-reading.club/chapter.php/39547/20/Mlechin_-_Zachem_Stalin_sozdal_Izrail%27_.html； Polina Zemčužina – biografija, informacija, ličnaja žizn', in: http://stuki-druki.dom/authors/Zhemchuzhina-Polina.php (2018.12.30)； https://de.wikipedia.org/wiki/Polina_Semjonowna_Schemtschuschina (2019.03.15)；Anna Belova: »Žemčužina« Vjačeslava Molotova: Supruga narkoma, kotoruju nenavidel Stalin. https://kulturologia.ru/blogs/071218/41551 / (2019.08.1).

117 除傳記之外還有不少訪問影像紀錄。Karl Lagerfeld: For the first time, CHANEL tells its story：http://Inside-Chanel.com (2019.04.28).

118 Hal Vaughan: *Coco Chanel – Der schwarze Engel: Ein Leben als Nazi-Agentin*, Hamburg 2011.

119 法庭及國安局調查檔案參見：Hal Vaughan: *Coco Chanel – Der schwarze Engel*, pp. 239 ff.

120 這棟建築位於Quai de la Béthune 24，一九三四年仍屬於海倫娜・魯賓斯坦，https://de.wikipedia.org/wiki/Helena_Rubinstein (2019.03.18).

121 Wolfgang Seibel: *Macht und Moral: die »Endlösung der Judenfrage« in Frankreich*, Konstanz 2010.

122 恩斯特・容格（Ernst Jünger）日記：*Strahlungen*, Tübingen 1949, Stuttgart 1979.

Bank, New York 2007。在此感謝Gabor T. Rittersporn提醒我關於法國俄共同路人（fellow traveler）的歷史。

99 關於蘇維埃宮競圖歷史請參考：Karl Schlögel: *Moskau lesen*, Berlin 1984, pp. 56 – 65；Selim O. Chan-Magomedow: *Pioniere der sowjetischen Architektur. Der Weg zur neuen sowjetischen Architektur in den zwanziger und zu Beginn der dreißiger Jahre*, Dresden 1983.

100 André Gide: Zurück aus Sowjetrussland. Retuschen zu meinem Russlandbuch, in: id.: *Gesammelte Werke VI, Reisen und Politik*, Bd. 2., ed. by Peter Schnyder, Stuttgart 1996, pp. 41 – 210.

101 Manfred Sapper/Volker Weichsel (eds.): *Der Hitler-Stalin-Pakt. Der Krieg und die europäische Erinnerung*, Berlin 2009.

102 Michail Bulgakow: *Der Meister und Margarita*. Roman. Darmstadt/Neuwied 1973，第 12章。

103 Bulgakow: *Der Meister und Margarita*, p. 154, 156 f., 159.

104 塔林大學（Tallinn University）伊莉娜・貝洛布羅夫澤瓦（Irina Belobrovtseva）告知，在舉報米哈伊爾・布爾加科夫妻子伊萊娜・謝爾蓋耶夫娜・布爾加科（Yelena Sergeyevna Bulgakova）罪狀時，其中典型的一則就是梳妝檯上放著一瓶「巨大」的香水瓶。

105 參見：Karl Schlögel: *Terror und Traum. Moskau 1937*, München 2008，其中章節：»Moskau in Paris: Der Pavillon der UdSSR auf der Weltausstellung 1937«, pp. 267 – 297.

106 Michail Loskutov: »Graždanin francuzskoj respubliki«, in: *Naši dostiženija* No 2, 1937, https://sergmos.livejournal.com/85233.html (2019.03.15).

107 關於主教座堂炸毀拆除的歷史請見：*Razrušenie chrama Christa Spasitelja*, London 1988，以及Schlögel: *Terror und Traum*, pp. 692 – 708，其中»Die Baugrube«之章節。

108 引自：Loskutov: »Graždanin francuzskoj respubliki«，無標頁數。

109 Djurdja Bartlett: *Fashion East. The Spectre That Haunted Socialism*, Cambridge/Ma. 2010, p. 87.

110 Bartlett: *Fashion East*, p. 84.

111 Sergej Žuravlev/Jukka Gronov: *Moda po planu. Istorija mody i modelirovanija odeždei v SSSR 1917 – 1991*, Moskva 2013；Benjamin: Das Passagen-Werk, p. 120.

112 這種說法也見於網路論壇Parfjumernyj。

113 根據人權組織「紀念」（Memorial）的資料庫，米哈伊爾・洛斯庫托夫於一九四〇年一月十二日被捕，因參與叛亂組織於一九四一年七月

86 Charles-Roux: *Coco Chanel*, p. 289.

87 請見：Walter Benjamin: *Passagen-Werk*， 以及Patrice Higonnet: *Paris – Capital of the World*, Cambridge/Mass. 2005.

88 關於一九二〇年代的巴黎可參考：Ernest Hemingway: *Paris, ein Fest fürs Leben*, Reinbek bei Hamburg 2011.

89 關於「北方特快車」請見：Jan Musekamp: *From Paris to St. Petersburg and from Kovno to New York. A Cultural History of Transnational Mobility in East Central Europe*, Habilitationsschrift an der Kulturwissenschaftlichen Fakultät der Europa-Universität Viadrina, Frankfurt/Oder, Juni 2016.

90 Ilja Ehrenburg: Menschen, Jahre, Leben. Autobiographie, 2 Bände, München 1962； Ilja Ehrenburg: Moj Pariž, Moskva 1933 (Reprint Göttingen 2005)；龐畢度中心（Le Centre Pompidou）1979年展覽目錄：Paris-Moscou； Vita Susak: *Ukrainian Artists in Paris 1900 – 1939*, Kyiv 2010.

91 根據克里斯．格林浩爾 （Chris Greenhalgh）小說《香奈兒的祕密情人》（Coco Chanel & Igor Stravinsky）尚庫南（Jan Kounen）拍了《香奈兒的祕密》電影，於2009年坎城影展首映。

92 Gold/Fizdale: *Misia. Muse. Mäzenin. Modell*； Pritchard: *Diaghilev and the Golden Age of the Ballets Russes*； Richard Buckle: *Diaghilew*, Herford 1984.

93 Robert H. Johnston: *New Mecca, New Babylon – Paris and the Russian Exiles 1920 – 1945*, Montreal 1988； Catherine Gousseff: *L'exil russe. La fabrique du réfugié apatride*, Paris 2008.

94 Kessler: *Das Tagebuch 1880 – 1937*. Achter Band,1924年1月16日之紀錄。

95 Charles-Roux: *Coco Chanel*, p. 244.

96 皆出自：Vasilev: *Krasota v izgnanii*, S. 151 ff. (關於Kitmir之章節)；另見同作者之另一本書：*Russkaja moda*, Moskva 2004.

97 關於謝爾蓋．舒金與伊萬．莫羅佐夫收藏請見於埃森（Essen）、莫斯科及聖彼得堡之展覽目錄：*Ot Mone do Pikasso: Kollekcionery Ščukin i Morozov*, Köln 1993.

98 關於一九三〇年代國際化的莫斯科請參考：Katerina Clark: *Moscow, the Fourth Rome: Stalinism, Cosmopolitanism, and the Evolution of Soviet Culture, 1931 – 1941*, Cambridge/Mass. 2011；Michael David-Fox: *Showcasing the Great Experiment: Cultural Diplomacy and Western Visitors to the Soviet Union 1921 – 1941*, Oxford 2012； Ludmila Stern: *Western Intellectuals and the Soviet Union, 1920 – 40: From Red Square to the Left*

70 Aleksandr Vasilev: *Krasota v izgnanii. Tvorčestvo russkich ėmigrantov pervoj volny: iskusstvo i moda*, Moskva 1998.

71 Charles-Roux: *Coco Chanel*, p. 186, 187.

72 Charles-Roux: *Coco Chanel*, p. 289.

73 Tatiana Strizhenova: *Soviet Costume and Textiles 1917 – 1945*, Paris 1991, pp. 309 – 310.

74 Strizhenova: *Soviet Costume and Textiles 1917 – 1945*, pp. 310 – 311.

75 參見我的著作*Das sowjetische Jahrhundert*中之下列章節：»Kleider für den neuen Menschen oder: Christian Diors Rückkehr auf den Roten Platz«, pp. 607 – 630。

76 關於嘉柏麗．香奈兒生平除了有眾多傳記之外，還有許多傑出的論文電影（essay film），例如《深入香奈兒》（Inside Chanel）或《第一次》（For the First Time），以及卡爾．拉格斐構思的系列影集與youtube上的訪談，例如：https://www.youtube.com/watch?v=tRQa33dqyxI (2019.03.18).

77 關於拉曼諾娃生平請見：Schlögel: *Das sowjetische Jahrhundert*, pp. 623 – 626.

78 Charles-Roux: *Coco Chanel*, pp. 63, 76, 93, 69.

79 關於《藍色列車》及達基列夫參見：Jane Pritchard (ed.): *Diaghilev and the Golden Age of the Ballets Russes 1909 – 1929*, London 2011.

80 Charles-Roux: *Coco Chanel*, p. 277.

81 Harry Graf Kessler: *Das Tagebuch 1880 – 1937*. Achter Band, Stuttgart 2009，其中 1924年 6月24日之紀錄。

82 Viktorija Sevrjuchova: Sovetskoe bele, in: A. Golosovskaja/ Veronika Zuseva (ed.): *Sovetskij stil. Vremja i vešči*, Moskva 2009, p. 42.

83 Konstantin Rudnitsky: *Russian and Soviet Theater 1905 – 1932*, London 1982.

84 關於1925年世博會請見：Frank Scarlett/Marjorie Townley: *Arts Décoratifs. A Personal Recollection of the Paris Exhibition*, London, 1975；Victoria & Albert Museum London 2003年3月27日至6月20日展覽目錄 »Art Deco: 1910 – 1939«；Axel Madsen: *Sonia Delaunay. Artist of the Lost Generation*, New York 1989；關於1925年之展覽請見：Vsemirnaja vystavka: https://ru.wikipedia.org/wiki/Vsemirnaja_vystavka_(1925) (2019.03.18).

85 Charles-Roux: *Coco Chanel*, S. 288；Strizhenova: *Soviet Costumes and Textiles 1917 – 1945*, pp. 97 – 132.

57 Verigin: *Blagouchannost'*, p. 9.

58 »No odin est' v mire zapach/I odna est' v mire nega/Ėto russkij zimnyj polden', Eto russkij zapach snega.«

59 Verigin: *Blagouchannost'*, p. 6.

60 Olga Kušlina對威瑞吉傳記的書評：Tumany i duchi, S. 81， https://www.e-reading.club/book.php?book=1016413 (2019.03.15).

61 同上，Kušlina, S. 81；另見：Douglas Smith: *Der letzte Tanz. Der Untergang der russischen Aristokratie*, Frankfurt/Main 2012.

62 Olga B. Vajnštejn: *Aromaty i zapachi v kul'ture*；另見第二冊中的文章 ：Semiotika ›Šanel' No 5‹。

63 關於「嗅覺階級鬥爭」請見Jan Plamper 2017年於Harvard Davis Center舉辦之 Centenary Conference口頭發表論文： Sounds of February, Smells of October: A Sensory History of the Russian Revolution。此為未發表之草稿，感謝作者提供。另見同位作者：Die Russische Revolution. Vier Forschungstrends und ein sinneshistorischer Zugang – mit ausgewählten Quellen für den Geschichtsunterricht, in: *Geschichte für heute*, 10 (2017) 4, pp. 5 – 17, https://www.fachportal-paedagogik.de/literatur/vollanzeige.html?FId=1133706#vollanzeige (2019.08.12).

64 參見Karl Schlögel: *Das sowjetische Jahrhundert. Archäologie einer untergegangenen Welt*, München 2017一書中之章節：»Kommunalka oder Wo der Sowjetmensch gehärtet wurde«, pp. 324 – 345.

65 關於煽動的仇恨言論請見：Karl Schlögel: *Terror und Traum. Moskau 1937*, München 2008, pp. 103 – 118.

66 關於1930年代的新階級vydvižency請參考：Sheila Fitzpatrick: Stalin and the Making of a New Elite, 1928 – 1939, in: *Slavic Review* 38/3 (1979), pp. 377 – 402；關於史達林時期權貴文化請見：Vera Dunham: *In Stalin's Time. Middleclass Values in Soviet Fiction*, Durham/London 1990.

67 關於「香奈兒五號」香水瓶之設計請見：Edmonde Charles-Roux: *Coco Chanel*, p. 238。

68 關於「現代的多種形式」參見：Michael David-Fox: *Crossing Borders. Modernity, Ideology, and Culture in Russian and the Soviet Union*, Pittsburgh 2015。列寧所稱通往文明高峰的不同途徑引自：W. I. Lenin: Über unsere Revolution, *Ausgewählte Werke*, Bd.III, Berlin 1966, pp. 867 – 870.

69 Walter Benjamin: *Gesammelte Schriften* V.1, Das Passagen-Werk, Frankfurt/Main 1982, p. 112 (Abschnitt Mode).

nott: *Aroma*, p. 8.

38 Somserset Maugham，摘自：Classen/Howes/Synnott: *Aroma*, p. 8.

39 Marcel Proust: *Auf der Suche nach der verlorenen Zeit,* Bd. 1, Unterwegs zu Swann, Frankfurt/Main 1994, pp. 68 – 71.

40 Viktor Lobkovič: *Zolotoj vek russkoj parfjumerii i kosmetiki 1821 – 1921*, Minsk 2005.

41 其中包括列寧1899年對國內市場的經典分析：*Die Entwicklung des Kapitalismus in Russland*；以及托洛斯基1906年的著作：*Ergebnisse und Perspektiven. Die treibenden Kräfte der Revolution*。

42 不只是羅伯科維茨、科扎寧諾夫及多爾戈帕洛娃的著作顯示出濃厚的興趣，網路上的討論更是。

43 參見：*Russland 1900. Kunst und Kultur im Reich des letzten Zaren*, hg. von Ralf Beil, Ausstellungskatalog, Institut Mathildenhöhe, Darmstadt 2008.

44 關於修道院庭院請參見：Dmitrij S. Lichačev: *Poėzija sadov*, Moskva 1998.

45 Viktor Lobkovič: *Zolotoj vek russkoj parfjumerii*, p. 7.

46 同上，Viktor Lobkovič, p. 8.

47 同上，Viktor Lobkovič, p. 9；另見V. Kožarinov著作中之相關章節。

48 同上，Viktor Lobkovič, p. 10；另見週年慶祝專刊：*Zolotoj jubilej tovariščestva Brokar i K*, Moskva 1914.

49 幾個最重要的公司研究請見：Venjamin Kožarinov: *Russkaja parfjumerija. Illjustrirovannaja istorija*, Moskva 1999.

50 Viktor Lobkovič: *Zolotoj vek russkoj parfjumerii*, p. 15.

51 圖像資料請見Venjamin Kožarinov: *Russkaja parfjumerija. Illjustrirovannaja istorija*, Moskva 1999。

52 Konstantin M. Verigin: *Blagouchannost'. Vospominanija parfjumera*, Moskva 1996.

53 Constantin Weriguine*: Souvenirs et parfums: Mémoires d'un parfumeur*, Plon, Paris 1965， https://www.e-reading.club/book.php?book=1016413 (2019.03.15).

54 Natalya Dolgopolova*: Parfjumerija v SSSR. Obzor i ličnye vpečatlenija kollekcionera*, vol. 1, Moskva 2018, p. 325 f.

55 威瑞吉生平請見俄文維基：https://ru.wikipedia.org/wiki/Веригин,_Сергий_Константинович (2019.03.18).

56 Hans J. Rindisbacher: *The Smell of Books. A Cultural-Historical Study of Olfactory Perception in Literature*, Ann Arbor, Mich. 1995.

令。

28 就連在巴黎東京宮的展覽對香奈兒香水歷史發展的敘述，除了提到達基列夫及史特拉汶斯基之外，還是以歐美歷史為中心。

29 劃時代的鉅著：Alain Corbin: *Pesthauch und Blütenduft* (»Le miasme et la jonquille«, 1982), Berlin 2005（中文版見阿蘭．柯爾本著，蔡孟貞譯，《惡臭與芬芳：感官、衛生與實踐，近代法國氣味的想像與社會空間》，新北：臺灣商務出版社，2021）；Patrick Süskind: *Das Parfum*, Zürich 1985.

30 Constance Classen/David Howes/Anthony Synnott: *Aroma. The Cultural History of Smell*, London/New York 1994；關於嗅覺社會學請見：Jürgen Raab: *Soziologie des Geruchs: Über die soziale Konstruktion olfaktorischer Wahrnehmung*, Konstanz 2001.

31 Jonathan Reinarz: *Past Scents. Historical Perspectives on Smell*, Urbana/ Chicago/ Springfield 2014, S. 209, 216, 217, 218. 俄文研究論文集：O. B. Vajnštejn: *Aromaty i zapachi v kul'ture.* Kniga 1, 2, Moskva 2010；Olga Vajnštejn: *Dendi. Moda. Literatura. Stil' žizni*, Moskva 2006；I. A. Mankevič: *Povsednevnyj Puškin. Poėtika obyknovennogo v žiznetvorčestve russkogo genija. Kostjum. Zastol'e. Aromaty i zapachi*, Sankt-Peterburg 2013； Olga Kušlina: Ot slova k zapachu: russkaja literatura. Pročitannaja nosom, in: *NLO* No. 43 (2000), pp. 102 – 110；Marija Pirogovskaja: *Miazmy, simptomy, uliki: Zapachi meždu medicinoj i moral'ju v russkoj kul'ture vtoroj poloviny XIV veka*, Sankt-Peterburg 2018.

32 Georg Wilhelm Friedrich Hegel: *Phänomenologie des Geistes*, Werke 3, Frankfurt/Main 1970, pp. 402 f.

33 Immanuel Kant: Anthropologie in pragmatischer Absicht, in: *Schriften zur Anthropologie, Geschichtsphilosophie, Politik und Pädagogik*. Hg. von Wilhelm Weischedel, Werkausgabe XII, Frankfurt/Main 1980, S. 453.

34 Friedrich Nietzsche: Ecce homo, in: *Werke in drei Bänden*, hg. von Karl Schlechta, Bd. 2, München 1966, p. 1152.

35 Friedrich Nietzsche: *Also sprach Zarathustra*, Werke in drei Bänden, hg. von Karl Schlechta, Bd. 2, München 1966, p. 532.

36 Konstantin M. Verigin: *Blagouchannost'. Vospominanija parfjumera*, Moskva 1996；https://www.e-reading.club/book.php?book=1016413 (2019.03.15.03)；另見：Arthur Schopenhauer: *Die Welt als Wille und Vorstellung*, Wiesbaden 1972, p. 32.

37 語出George Orwell: *The Road to Wingham*，摘自：Classen/Howes/Syn-

Mešočniki i diktatura v Rossii 1917 – 1921 gg., Sankt Petersburg 2007.

15 Natalya Dolgopolova: *Parfjumerija v SSSR. Obzor i ličnye vpečatlenija kollekcionera*, vol. 1, Moskva 2016, pp. 57 ff.

16 Dolgopolova: *Parfjumerija v SSSR*, I, S. 124. 擦在皮膚上的香水，的確像花束般，漸次展開不同的香味：https://fanfact.ru/duhi-krasnaja-moskva-pridumal-francuzskijparfjumer/ (2019.03.11)。

17 請見Marina Koleva: Sovetskaja parfjumerija, in: *Sovetskij stil'. Vremja i vešči*, Moskva 2012, S. 74 – 85, 此處引自 80頁； 另見Viktorija Vlasova: Krasnaya Moskva. Žizn' i legendy. 2018.11.25: https://www.fragrantica.ru/news/Красная-Москва-жизнь-легенды-7721.html (2019.04.08)；Nina Nazarova: Russkaja Služba Bi-bi-si (2017.09.19): »Krasnaya Moskva«: kak pridumannye do revoljucii duchi stali simvolom SSSR, in: http://www.bbc.com/russian/features-41304033 (2017.09.22)。

18 Dolgopolova: Parfjumerija v SSSR, I, S. 125. RIA Novosti (2011.10.10). Medvedevu podarili duchi počti stoletnej vyderžki. http://ria-ru/society/20111010/454649754.html (2019.08.20.08).

19 雜誌Technika i molodež 1936/8, S. 29宣稱他一九〇八年才到莫斯科；Marina Koleva*: Sovetskij stil'*, S. 80; Dolgopolova*: Parfjumerija v SSSR*, I, p. 125.

20 其他作者則認為「紅色莫斯科」直接繼承「凱薩琳大帝心愛的花束」的說法毫無疑問，請見：Dolgopolova: *Parfjumerija v SSSR*, I, p. 126.

21 Dolgopolova: *Parfjumerija v SSSR*, I, p. 130.

22 Dolgopolova: *Parfjumerija v SSSR*, I, p. 66, 67 ff.

23 關於「特哲」請參考：Venjamin Kožarinov: *Russkaja parfjumerija. Illjustrirovannaja istorija*, Moskva 1999, S. 122, 12； Jukka Gronow: *Caviar with Champagne. Common Luxury and the Ideals of the Good Life in Stalin's Russia*, Oxford/New York 2003.

24 製造及展示日期（1925/1927）略有出入，請見作者另一本著作：Karl Schlögel: *Das sowjetische Jahrhundert. Archäologie einer untergegangenen Welt*, München 2017, pp. 250 – 263。

25 關於「香奈兒五號」香水瓶在紐約現代藝術博物館的展覽請見：*The Package*, New York 1959.

26 Arthur Gold/Robert Fizdale: *Misia. Muse. Mäzenin. Modell. Das ungewöhnliche Leben der Misia Sert*, Bern/München 1981, p. 259.

27 關於「莫洛托夫的雞尾酒」說法，有人認為源自芬蘭與蘇俄二戰初期交戰時，芬蘭人對自己武器的稱呼；有人則認為是出自莫洛托夫法

註釋

1 本書關於可可・香奈兒生平基本上以Edmonde Charles-Roux: *Coco Chanel. Ein Leben*, Wien 1988 為主，並參考：Axel Madsen: *Coco Chanel: A Biography*, London 2009；Paul Morand: *L'Allure de Chanel*, illustrations de Karl Lagerfeld, Paris 1996。關於「香水聖地」格拉斯則參考：*Grasse. L'usine á parfums*, Lyon 2015。

2 Tilar J. Mazzeo: *Chanel No.5. Die Geschichte des berühmtesten Parfums der Welt*, Hamburg 2012, p. 81.中譯版本見緹拉・J・瑪潔歐著，謝孟璇譯，《香奈兒五號香水的祕密》，新北：八旗文化，2015，頁102-103。

3 語出Konstantin M. Verigin: *Blagouchannost'. Vospominanija parfjumera*, Moskva 1996, p. 50；這裡引自Kleograf出版社網頁：https://www.e-reading.club/book.php?book=1016413 (2019.03.15)。法文版：Constantin Weriguine: *Souvenirs et parfums: Mémoires d'un parfumeur*, Paris 1965。

4 Mazzeo: Chanel No.5, S. 88；關於「香奈兒五號」配方請見：https://de.wikipedia.org/wiki/Chanel_ No_5 (2019.03.07).

5 Mazzeo: *Chanel No.5*, pp. 85 – 87.

6 不同說法請參考：Michael Edwards: *Perfume Legends: French Feminine Fragrances*, Levallois 1996, S. 43；Joachim Laukenmann: Es riecht nach Remake. Chanel No 5 ist aus einem gefloppten russischen Parfum entstanden, Sonntags-Zeitung 2007.09.30.；不同解讀請參考：https://de.wikipedia.org/wiki/Chanel_No_5 (2018.10.13)。

7 配方請見：https://de.wikipedia.org/wiki/Chanel_No_5 (2018.10.13)。

8 Mazzeo: *Chanel No.5*, p. 94.

9 Karl Lagerfeld: *Chanel's Russian Connection*, Göttingen 2009.

10 Mazzeo: *Chanel No.5*, pp. 93, 89.

11 Jean-Louis Froment: *No.5 Culture Chanel, Ausstellung im Palais de Tokyo*, New York 2013，請見導論。

12 布羅卡公司五十週年慶祝專刊：Zolotoj jubilej tovariščestva Brokar i K, Moskva 1914.

13 關於一九一七年後私有企業國營化請參考：Manfred Hildermeier: *Geschichte der Sowjetunion*, München 1998, pp. 105 – 156.

14 關於糧食供應、四處搶購民生物資以及黑市請見：A. Ju. 192 Davydov:

頁90　尚・考克多《藍色列車》中的一幕，演員穿著香奈兒設計的服飾，攝於1924年
頁94　福特新款車出廠：LippFd215_p. 185. Collection of the Berlin State Museums, Art Library
頁102　萊昂・巴克斯特（Léon Bakst）：《謝爾蓋・達基列夫》，繪於1906年，St. Petersburg, State Russian Museum: © Painters/Alamy Stock Photo/Mauritius Images
頁107　基特米爾時裝店廣告海報，繪於1920年代：39705-kitmir-embroidery-germaine-caubit-couture-1925-3bee47afa968-hprints-com
頁122　1937年巴黎世博會，圖右側即是蘇聯展館：AFP/Getty Images
頁129　鮑里斯・伊凡所設計的蘇維埃宮模型：ITAR-TASS News Agency/Alamy Stock Photo/Mauritius Images (EK3EH5) www.alamy.com
頁137　辦公桌後的波林娜・熱姆丘任娜，作者自藏
頁138　穿著水手服的嘉柏麗・香奈兒與她的狗：UtCon Collection/Alamy Stock Foto/Mauritius Images (KXXGX1)
頁148　波林娜・熱姆丘任娜，攝於一九三九年八月：Dolgopolova I, p. 83
頁162　波林娜及其丈夫莫洛托夫，攝於1963年莫斯科：Mauritus Images/United Archives/TopFoto (Image # 08447914)
頁168　波林娜於莫斯科之墓：Mauritius Images/Alexander Perepelitsyn/Alamy (No. H6F6AX)
頁169　香奈兒在洛桑之墓：Mauritius Images/Phil Rees/Alamy Stock Foto/Mauritius Images (Picture-ID: RWACW6)
頁184　古龍水「越野賽車」的香水瓶模型，1986年：Dolgopolova II, p. 133
頁200　奧爾嘉・契訶娃：其著作《我的時鐘不一樣》（*Meine Uhren gehen anders*）一書之卷首圖
頁206　奧雷山德・伯侯莫雷茨，1881至1946年：Russian Perfumery, p. 34，作者自藏
頁207　奧雷山德・伯侯莫雷茨所著《壽命之延長》一書，1939年發表於基輔
頁218　西米爾・馬列維奇所設計，瓶蓋上有隻北極熊的「北方」古龍水香水瓶
頁218　卡西米爾・馬列維奇，《磨刀機，或是閃光原理》，1912至1913年作，耶魯大學美術館藏
頁219　「雷萊特一號」香水瓶：Goutell: Lightyears-Collection. www.perfumeprojects.com
頁220　Schtof酒瓶：作者自藏

圖版清單

Vasil'ev, Aleksandr. *Russkaja moda*, Moskva 2004.

Vasileva, Larisa. *Kremlevskie ženy. Fakty, vospominanija, dokumenty, sluchi, legendy i vzgljad avtora*, Moskva 1993.

Vaughan, Hal. *Coco Chanel – Der schwarze Engel: Ein Leben als Nazi-Agentin*, Hamburg 2011. [*Sleeping with the Enemy: Coco Chanel, Nazi Agent*, London: Chatto & Windus, 2011.]

Verigin, Konstantin M. *Blagoukhannost': VospominaniyaParfyumera*, Moskva 1996, http://www.e-reading.club/book.php ? book= 1016413 (2019.03.15).

Verigin, Konstantin Michajlovič. *Blagouchannost'. Vospominanija parfjumera*, Moskva 1996, http://Веригин%20Константин%20Михайлович%20-%20 Благоуханность.%20Воспоминания%20парфюмера.%20Читать%20 книгу%20онлайн.%20Страни.webarchive (2019.06.01).

Vilenskij, Jurij. Naučnoe nasledie akademika A. A. Bogomol'ca (k 130-letiju so dnja roždenija), in: *Fiziologičeskij* žurnal 2011, t.57, No 3, pp. 88 – 95.

Vlasova, Viktorija. Krasnaja Moskva: novaja ėpocha. Vintažnye aromaty, https://www.fragrantica.ru/news/Krasnaja-Moskva-novaja-epocha-7725.html (2019.08.04).

Vlasova, Viktorija. Krasnaya Moskva. Žizn' i legendy, https://www.fragrantica.ru/news/Красная-Москва-жизнь-легенды-7721.html (2019.09.01).

Vlasova, Viktorija. Stekljannyj medved' Maleviča-odekolon Severnyj. Vintažnye aromaty, https://www.gragrantica.runews/Stekljannyj-medved'-Malevica-odekolon- Severnyj-7410.html (2019.08.04).

Vodopyanov, Mikhail. *Die Eroberung des Nordpols*, London 1938.

Weriguine,Constantin. *Souvenirs et parfums: Mémoires d'un parfumeur*, Paris 1965, https://www.e-reading.club/book.php?book=1016413 (2019.03.15).

Zhuk, Sergei. *Rock and Roll in the Rocket City: The West, Identity, and Ideology in Soviet Dniepropetrovsk*, Baltimore 2010.

Žirickaja, Ekaterina. 'Zapakh Kolymy', Teoriya mody, 28, 2013, http://www.intelros.ru/readroom/teoriya-mody/28 – 2013/20289-zapah-kolymy.html (2019.09.01).

Žirickaja, Ekaterina. Tumany i duchi (review of K. M. Verigin: *Blagouchannost': Vospominanija parfjumera*, in: *Zapachi v russkoj kul'ture*, t.2, S. 608 – 615.

Zolotoj jubilej tovariščestva Brokar i K, Moskva 1914.

Žuravlev, Sergej / Jukka Gronov. *Moda po plany. Istorija mody i modelirovanija odeždei v SSSR 1917 – 1991*, Moskva 2013.

Zuseva, Veronika (ed.) *Sovetskij stil. Vremja i vešči*, Moskva 2009.

Siiskind, Patrick. *Perfume: The Story of a Murderer*, translated by John E. Woods, New York 1986. [*Das Parfum: Die Geschichte eines Morders*, 1985].

Slezkine, Yuri. *Das Haus der Regierung. Eine Saga der russischen Revolution*, München 2018. [*The House of Government: A Saga of the Russian Revolution*, Princeton University Press, 2017.]

Slezkine, Yuri. *Das jüdische Jahrhundert*, Göttingen 2006. [*The Jewish Century*, Princeton University Press, 2019.]

Smilovitsky, Leonid I. Jews from the USSR Write Abroad (Letters and Diaries of World War II as a Historical Source), Parts I and II: *Russkii Arkhiv*, 2017, 5 (1), pp. 12-32; *Russkii Arkhiv*, 2017, 5 (2), pp. 106-24.

Smith, Douglas. *Der letzte Tanz. Der Untergang der russischen Aristokratie*, Frankfurt/Main 2012.

Steinhauer, Jillian. Kazimir Malevich's Little-Known Perfume Bottle: https://hyperallergic.com/138287/kazimir-malevichs-little-known-perfumebottle/ (2019.03.05)

Stern, Ludmila. *Western Intellectuals and the Soviet Union, 1920 – 40: From Red Square to the Left Bank*, New York 2007.

Strizhenova,Tatiana. *Soviet Costume and Textiles 1917 – 1945*, Paris 1991.

Susak, Vita. *Ukrainian Artists in Paris 1900 – 1939*, Kyiv 2010.

The Package, New York 1959.

Tietze, Katharina. »Schönheit für alle«. Parfum in der DDR, unpublished manuscript.

Tschechowa, Olga & Günter René Evers. *Frau ohne Alter. Schönheits- und Modebrevier*, München 1952*Ot Mone do Pikasso: Kollekcionery Ščukin i Morozov*, Köln 1993.

Tschechowa, Olga. *Meine Uhren gehen anders*, München / Berlin 1973.

Tschechowa, Olga. *Plauderei über die Schönheit!*, Berlin 1949.

Turovskaja, Maja. Kazus Ol'gi Čechovoj, in: *Snob* 12 (77), 14 December 2014, https://snob.ru/magazine/entry/84689.

Vajnštejn, Olga. *Aromaty i zapachi v kul'ture.* Kniga 1, 2, Moskva 2003, 2010

Vajnštejn, Olga. *Dendi. Moda. Literatura. Stil' žizni*, Moskva 2006.

Vasil'ev, Aleksandr. *Krasota v izgnanii. Tvorčestvo russkich ėmigrantov pervoj volny*, Moskva 1998. [*Beauty in Exile: The Artists, Models, and Nobility Who Fled the Russian Revolution and Influenced the World of Fashion*, translated by Antonina W. Bouis and Anya Kucharev, New York: Harry N. Abrams, 2000.]

Šatskich, Aleksandra. *Black Square. Malevich and the Origin of Suprematism*, translated by Marian Schwartz, New Haven/London 2012.

Šatskich, Aleksandra. Flakon Maleviča: upakovka mečty, Artguide from 2017.12.06, http://artguide.com/posts/1382 (2019.03.05).

Scarlett, Frank / Marjorie Townley. *Arts Décoratifs. A Personal Recollection of the Paris Exhibition*, London, 1975.

Schalamow, Warlam. *Die Auferweckung der Lärche. Erzählungen aus Kolyma 4*, edited by Franziska Thun-Hohenstein, transl. by Gabriele Leupold, Berlin 2011.

Schlögel, Karl. Archipel Europa, in: id.: *Marjampole oder Europas Wiederkehr aus dem Geist der Städte*, München 2005. ['Archipelago Europe', translated by John Kerr, Osteuropa, Digest 2007: *The Europe Beyond Europe*, pp. 9-36.]

Schlögel, Karl. Die Farbe der Globalisierung. Der Vuitton-Koffer auf dem Roten Platz, in: *Tumult. Vierteljahresschrift für Konsensstörung*, Winter 2014/2015, pp. 29 – 31.

Schlögel, Karl. *Moskau lesen: Verwandlungen einer Metropole*, Munich 2011 [1984].

Schlögel, Karl. *Terror und Traum. Moskau 1937*, München 2008. [*Moscow, 1937*, translated by Rodney Livingstone, Cambridge: Polity, 2012.]

Schlögel, Karl. *Das sowjetische Jahrhundert: Archaologie einer untergegangenen Welt*, München 2017.

Schopenhauer, Arthur. *Die Welt als Wille und Vorstellung*, Wiesbaden 1972. [*The World as Will and Representation*, vol. II, translated by E. F. J. Payne, Indian Hills, CO: The Falcon's Wing Press, 1958.]

Seibel, Wolfgang. *Macht und Moral: die »Endlösung der Judenfrage« in Frankreich*, Konstanz 2010.[*Persecution and Rescue: The Politics of the 'Final Solution' in France, 1940-1944*, translated by Ciaran Cronin, Ann Arbor: University of Michigan Press, 2016.]

Shadowa, Larissa A. *Malewitsch. Kasimir Malewitsch und sein Kreis. Suche und Experiment. Aus der Geschichte der russischen und sowjetischen Kunst zwischen 1910 und 1930*, München 1982. [*Malevich: Suprematism and Revolution in Russian Art 1910-1930*, translated by Alexander Lieven, London: Thames & Hudson, 1982.]

Shalamov, Varlam. *Kolyma Tales*, translated by John Glad, London 1994. [*Kolymskiye rasskazy*, 1978].

Nietzsche, Friedrich. Ecce homo, in: *Werke in drei Bänden*, hg. von Karl Schlechta, Bd. 2, München 1966 [*Ecce Homo*, 1908]

Nikonov, Vjačeslav. *Molotov. Naše delo pravoe*, Moskva 2016.

Ottepel'. Gosudarstvennaja Tret'jakovskaja Galereja, Moskva 2017.

Paris-Moscou 1900-1930, Paris: Centre Georges Pompidou, 1979.

Pirogovskaja, Marija. *Miazmy, simptomy, uliki: Zapachi meždu medicinoj i moral'ju v russkoj kul'ture vtoroj poloviny XIV veka*, Sankt-Peterburg 2018.

Plamper, Jan. Die Russische Revolution. Vier Forschungstrends und ein sinneshistorischer Zugang – mit ausgewählten Quellen für den Geschichtsunterricht, in: *Geschichte für heute*, 10 (2017) 4, S. 5 – 17, https://www.fachportal-paedagogik.de/literatur/vollanzeige.html?FId=1133706#vollanzeige (2019.12.08).

Plamper, Jan. Sounds of February, Smells of October. A Sensory History of the Russian Revolution, unpublished manuscript, 2017.

Polikovskij, Aleksej. Parfjum »Pulja v zatylok«, in: *Novaja gazeta* vom 30. Oktober 2019. https://www.novayagazeta.ru/articles/2019/10/30/82556-parfyum-pulya-v-zatylok (2019.11.06).

Pritchard, Jane (ed.) *Diaghilev and the Golden Age of the Ballets Russes 1909 – 1929*, London 2011.

Proust, Marcel. *Auf der Suche nach der verlorenen Zeit*, Frankfurt / Main 1994.

Raab, Jürgen. *Soziologie des Geruchs: Über die soziale Konstruktion olfak-torischer Wahrnehmung*, Konstanz 2001.

Rapoport, Louis. *Stalin's War Against the Jews. The Doctor's Plot and the Soviet Solution*, New York 1990.

Razrušenie chrama Christa Spasitelja, London 1988.

Reinarz, Jonathan. *Past Scents. Historical Perspectives on Smell*, Urbana / Chicago / Springfield 2014.

Rindisbacher, Hans J. *The Smell of Books: A Cultural-Historical Study of Olfactory Perception in Literature*, Mich. 1995.

Rogger, Hans. »Amerikanizm and the Economic Development of Russia«, in: *Comparative Studies in Society and History* 23 (1981), pp. 382 – 420.

Rudnitsky, Konstantin. *Russian and Soviet Theater 1905 – 1932*, London 1982.

Russland 1900. Kunst und Kultur im Reich des letzten Zaren, hg. von Ralf Beil, Ausstellungskatalog, Institut Mathildenhöhe, Darmstadt 2008.

Sapper, Manfred / Volker Weichsel (eds.) *Der Hitler-Stalin-Pakt. Der Krieg und die europäische Erinnerung*, Berlin 2009.

and the Jewish Anti-Fascist Committee, translated by Mary Beth Friedrich and Todd Bludeau, New York: Enigma Books, 2003.]

Madsen, Axel. *Coco Chanel: A Biography*, London 2009.

Madsen, Axel. *Sonia Delaunay. Artist of the Lost Generation*, New York 1989.

Mankevič, I. A. *Povsednevnyj Puškin. Poėtika obyknovennogo v žiznetvorčestve russkogo genija. Kostjum. Zastol'e. Aromaty i zapachi*, Sankt-Peterburg 2013.

Mazzeo, Tilar J. *Chanel No. 5. Die Geschichte des berühmtesten Parfums der Welt*, Hamburg 2012. [*The Secret of Chanel No. 5: The Intimate History of the World's Most Famous Perfume*, New York: HarperCollins, 2010; 緹拉・J・瑪潔歐著，謝孟璇譯，《香奈兒五號香水的祕密》，新北：八旗文化，2015。]

Medvedevu podarili duchi počti stoletnej vyderžki. http://ria-ru/society/20111010/4546497 54.html (2019.08.20).

Meir, Golda. *Mein Leben*, Frankfurt / Main 1983. [*My Life*, New York: G. P. Putnam's Sons, 1975.]

Melodii Trav. Istorija parfjumerii. Čast' 3. Flakony. Prodolženie, https://www.livemaster.ru/topic/309251-istoriya-parfyumerii-chast-3-flakony-prodolshenie (2019.03.11).

Michajlov, Konstantin. Rasstrel'nyj butik na Nikol'skoj, in: *Kommersant* vom 2019.11.06.

Morand, Paul. *L'allure de Chanel. Illustrations de Karl Lagerfeld*, Paris 1996. [*The Allure of Chanel*, translated by Euan Cameron, illustrated by Karl Lagerfeld, London: Pushkin Press, 2008]

Morozov, Boris. »Zhemchuzhina, Polina Semenovna.«, in: *YIVO Encyclopedia of Jews in Eastern Europe*, 12. November 2010, http://www.yivoencyclopedia.org/article.aspx/Zhemchuzhina_Polina_Semenovna. (2010.12.11).

Musekamp, Jan. *From Paris to St. Petersburg and from Kovno to New York. A Cultural History of Transnational Mobility in East Central Europe*, Habilitationsschrift an der Kulturwissenschaftlichen Fakultät der Europa-Universität Viadrina, Frankfurt/Oder, Juni 2016.

Nazarova, Nina. »Krasnaja Moskva«: kak pridumannye do revoljucii duchi stali simvolom SSSR, in: http://www.bbc.com/russian/features-41304033 (2017.09.22).

Nietzsche, Friedrich. *Also sprach Zarathustra*, Werke in drei Bänden, edited by Karl Schlechta, Bd. 2, München 1966.

Koleva, Marina. Sovetskaja parfjumerija, in: *Sovetskij stil. Vremja i vešči*, Moskva 2012, S. 74 – 85.

Kostyrčenko, G. *Stalin protiv »kosmopolitov«. Vlast' i evrejskaja intelligencija v SSSR*, Moskva 2009.

Kotkin, Stephen. *Stalin*. Vol. II: *Waiting for Hitler, 1928 – 1941*, London 2017.

Kožarinov, Venjamin. *Russkaja parfjumerija. Illjustrirovannaja istorija*, Moskva 1999.

Kožarinov, Venjamin. *Tvorec illjuzii. Korol' russkoj parfjumerii Genrich Brokar*, Moskva 2011.

Kreimeier, Klaus. *Die Ufa-Story. Geschichte eines Filmkonzerns*, München 1992. [*The Ufa Story: A History of Germany's Greatest Film Company, 1918—1945*, translated by Robert Kimber and Rita Kimber, Berkeley: University of California Press, 1999.]

Kušlina, Olga. Ot slova k zapachu: russkaja literatura. Pročitannaja nosom, in: *NLO* No. 43 (2000), pp. 102 – 110.

Kušlina, Olga. Tumany i duchi, S. 81. Review of *Blagouchannost' parfjumera*, https://www.e-reading.club/book.php?book=1016413 (2019.03.15).

Kušnirov, Mark. *Ol'ga Čechova*, Moskva 2015.

Lagerfeld, Karl. *Chanel's Russian Connection*, Göttingen 2009.

Lagerfeld, Karl. For the first time, CHANEL tells its story：http://Inside-Chanel.com (2019.04.28.)

Laukenmann, Joachim. Es riecht nach Remake. Chanel No 5 ist aus einem gefloppten russischen Parfum entstanden, Sonntags-Zeitung 2007.09.30.

Lenin, W. I. Über unsere Revolution, *Ausgewählte Werke*, Bd.III, Berlin 1966, pp. 867 – 870. ['Our Revolution', in *Collected Works*, vol. XXXIII: August 1921-March 1923, translated and edited by David Skvirsky and George Hanna, Moscow: Progress Publishers, 1973, pp. 476-80.]

Lichačev, Dmitrij S. *Poeziya sadov: k semantike sadovo-parkovyh stilei. Sad kak tekst*, Moskva 1998.

Lobkovič, Viktor. *Zolotoj vek russkoj parfjumerii i kosmetiki 1821 – 1921*, Minsk 2005.

Loskutov, Michail. »Graždanin francuzskoj respubliki«, in: *Naši dostiženija* No. 2, 1937, https://sergmos.livejournal.com/85233.html (2019.03.15).

Lustiger, Arno. *Rotbuch: Stalin und die Juden. Die tragische Geschichte des Jüdischen Antifaschistischen Komitees und der sowjetischen Juden*, Berlin 1998. [*Stalin and the Jews: The Red Book - The Tragedy of the Soviet Jews search on global fashion management and merchandizing*, Hershey 2016.

Hagemeister, Michael. »Unser Körper muss unser Werk sein«. *Beherrschung der Natur und Überwindung des Todes in russischen Projekten des frühen 20. Jahrhunderts. Die Neue Menschheit. Biopolitische Utopien in Russland zu Beginn des 20. Jahrhunderts*, edited by Boris Groys & Michael Hagemeister, Frankfurt/Main 2005, pp. 19 – 67.

Hegel, Georg Wilhelm Friedrich. *Phänomenologie des Geistes*, Werke 3, Frankfurt/Main 1970. [*Phdnomenologie des Geistes*, 1807.]

Helker, Renata. *Die Tschechows. Wege in die Moderne*, edited by Deutschen Theatermuseum München, München 2005.

Hemingway, Ernest. *Paris, ein Fest fürs Leben*, Reinbek bei Hamburg 2011. [*A Moveable Feast*, New York: Charles Scribner's Sons, 1964.]

Higonnet, Patrice. *Paris – Capital of the World*, Cambridge/Mass. 2005. [*Paris, capitate du monde*, 2005].

Hildermeier, Manfred. *Geschichte der Sowjetunion*, München 1998.

Hobsbawm, Eric J. *The Age of Extremes: The Short Twentieth Century, 1914-1991*, London 1994.

Höß, Rudolf. *Kommandant in Auschwitz. Autobiographische Aufzeichnungen des Rudolf Höß*, München 1963. [*Commandant of Auschwitz: The Autobiography of Rudolf Hoess*, translated by Constantine FitzGibbon, London: Phoenix Press, 2000 (1959).]

Jellinek, Paul. *Die psychologischen Grundlagen der Parfümerie*, Heidelberg 1994.

Johnston, Robert H. *New Mecca, New Babylon – Paris and the Russian Exiles 1920 – 1945*, Montreal 1988.

Jünger, Ernst. *Strahlungen*, Tübingen 1949, Stuttgart 1979. [*A German Officer in Occupied Paris: The War Journals, 1941-1945*, translated by Thomas S. Hansen and Abby J. Hansen, New York: Columbia University Press, 2019.]

Jurova, Elena. Ukrašenie v SSSR, in: Marina Koleva: *Sovetskij stil'. Vremja i vešči*, Moskva 2012, S. 52 – 73.

Kant, Immanuel. *Anthropologie in pragmatischer Absicht*, in: *Schriften zur Anthropologie, Geschichtsphilosophie, Politik und Pädagogik*. Hg. von Wilhelm Weischedel, Werkausgabe XII, Frankfurt/Main 1980. [*Anthropologic in pragmatischer Absicht,* 1798.]

Kazimir Malevich 1878 – 1935, Leningrad/Moscow/Amsterdam 1988.

Kessler, Harry Graf. *Das Tagebuch 1880 – 1937*. Achter Band, Stuttgart 2009.

1962.
Ehrenburg, Ilja. *Tauwetter*, Berlin 1957. [*The Thaw*, translated by Manya Harari, London: Harvill, 1955; *Ottepel*, 1954].
Entsiklopedicheskiy slovar' Brokgauza i Yefrona, vol. LXXVIII, Saint Petersburg: Brockhaus-Efron, 1903.
Ėrenburg, Il'ja. *Moj Pariž*, Moskva 1933 (Reprint Göttingen 2005).
Fitzpatrick, Sheila. *On Stalin's Team: The Years of Living Dangerously in Soviet Politics*, Princeton 2015.
Fitzpatrick, Sheila. Stalin and the Making of a New Elite, 1928 – 1939, in: *Slavic Review* 38/3 (1979), pp. 377 – 402.
Fridman, R. A. *Technologija parfjumerii*, Moskva 1949.
Froment, Jean-Louis. *No.5 Culture Chanel, Ausstellung im Palais de Tokyo*, New York 2013.
Gathmann, Moritz. Lagerfelds Mode für Moskau. Ein Hauch zu viel: http://www.spiegel.de/panorama/leute/lagerfelds-mode-fuermoskau-ein-hauch-zu-viel-a-627876.html (2019.03.05).
Gide, André. Zurück aus Sowjetrussland. Retuschen zu meinem Russlandbuch, in: id.: *Gesammelte Werke VI, Reisen und Politik*, Bd. 2., edited by Peter Schnyder, Stuttgart 1996.
Gilburd, Eleonory. *To See Paris and Die. The Soviet Lives of Western Culture*, Cambridge/Mass. 2018.
Gold, Arthur/Robert Fizdale. *Misia. Muse. Mäzenin. Modell. Das ungewöhnliche Leben der Misia Sert*, deutsch von Jürgen Abel, Bern/München 1981. [*Misia: The Life of Misia Sert*, New York 1980.]
Gousseff, Catherine. *L'exil russe. La fabrique du réfugié apatride*, Paris 2008.
Goutell,Philip . Lightyears-Collection. Perfume Projects: http://www.perfume-projects.com/museum/Museum.shtml (2019.10.30).
Grasse. L'usine á parfums, Lyon 2015.
Green, Annette / Linda Dyett: *Secrets of Aromatic Jewelry*, Paris/New York 1998.
Gronow, Jukka. *Caviar with Champagne. Common Luxury and the Ideals of the Good Life in Stalin's Russia*, Oxford/New York 2003.
Grossman, Wassili / Ilja Ehrenburg: *Das Schwarzbuch, der Genozid an den sowjetischen Juden*, edited by Arno Lustiger, Reinbek bei Hamburg 1995.
Grüner, Frank. *Patrioten und Kosmopoliten. Juden im Sowjetstaat 1941 – 1953*, Köln 2008.
Guido, Gianluigi. The Luxury Fashion Market in Russia, in: *Handbook of re-*

sian and the Soviet Union, University of Pittsburgh 2015.
David-Fox, Michael. *Showcasing the Great Experiment: Cultural Diplomacy and Western Visitors to the Soviet Union 1921 – 1941*, Oxford 2012
Davies, Joseph E. *Als USA-Botschafter in Moskau. Authentische und vertrauliche Berichte über die Sowjetunion bis Oktober 1941*, Zürich 1943. [*Mission to Moscow*, London: Victor Gollancz Limited, 1945.]
Davydov, Aleksandr Y. *Meshochniki i diktatura v Rossii 1917-1921*, Sankt Petersburg 2007.
Delafon, Geneviève. Un flacon, un parfum, tout un numéro, in: *Les Chroniques* No 62 – Decembre 2016, pp. 36 – 41.
Delo Evrejskogo Antifašistskogo Komiteta, Dokument No 14, L. P. Berija – v prezidium CK KPSS o rezul'tatach izučenija obstojatel'stv aresta izučenija P. S. Žemčužinoj, 12.05.1953. AP RF, f.3., op.32, d.17, l.131 – 134, in: https://www.alexanderyakovlev.org/copyright (2019.03.15).
Delo Evrejskogo Antifašistskogo Komiteta, Dokument No 2, Zapiska M. F. Skirjatova i V. S. Abakumova o P. S. Žemčužinoj 27.12.1948, in: RGASPI. f.589, op.3, d.6188, l.25 – 31,kopija, in: https://www.alexanderyakovlev.org/copyright (2019.03.15).
Dimitroff, Georgi. *Tagebücher 1933-1943*, hg. von Bernhard H. Bayerlein. Aus dem Russischen und Bulgarischen von Wladislaw Hedeler und Birgit Schliewenz, Berlin 2000. [*Dnevnik*, Sofii͡a : Universitetsko izd-vo "Sv. Kliment Okhridski",1997; *The Diary of Georgi Dimitrov, 1933-1949*, edited by Ivo Banac, translated by Jane T. Hedges, Timothy D. Sergay and Irina Faion, New Haven and London: Yale University Press, 2003].
Dolgopolov, Natalya. Neizvestnaja rol' Ol'gi Čechovoj, in: *Rodina* No 6 (616). https://.rg.ru/2016/06/09/rodina-chechova.html (2019.08.01).
Dolgopolov, Natalya. *Parfjumerija v SSSR. Obzor i ličnye vpečatlenija kollekcionera*. Vol. 1, Moskva 2016.
Dolgopolov, Natalya. *Parfjumerija v SSSR. Obzor i ličnye vpečatlenija kollekcionera*, Vol. 2, Moskva 2018.
Dudinzew, Wladimir. *Der Mensch lebt nicht vom Brot allein*, Gütersloh 1958.
Dunham, Vera. *In Stalin's Time. Middleclass Values in Soviet Fiction*, Durham/London 1990 [1976].
Edwards, Michael. *Perfume Legends: French Feminine Fragrances*, Levallois 1996.
Ehrenburg, Ilja. *Menschen, Jahre, Leben. Autobiographie, 2 Bände*, München

& Pearce, 1946]

Borisov, Sergey. Famous Artists as Perfume Bottle and Packaging Designers. https://www.fragrantica.com/news/Famous-Artists-as-Perfume-Bottle-and-Packaging-Designers-10473.html (2019.03.05).

Buckle, Richard. *Diaghilew*, Herford 1984.

Bulgakov, Michail. Der Meister und Margarita. Roman, übersetzt von Thomas Reschke, Darmstadt/Neuwied 1973. [*The Master and Margarita*, translated by Diana Burgin and Katherine Tiernan O'Connor, London: Picador, 1997.]

Chan-Magomedow, Selim O. *Pioniere der sowjetischen Architektur. Der Weg zur neuen sowjetischen Architektur in den zwanziger und zu Beginn der dreißiger Jahre*, Dresden 1983.

Charles-Roux, Edmonde. *Coco Chanel. Ein Leben*. translated by Erika Tophoven, Wien 1988. [*L'lrreguliere ou mon itineraire Chanel*, Paris: Grasset, 1974; *Chanel: Her Life, Her World, and the Woman Behind the Legend She Herself Created*, translated by Nancy Amphoux, London: MacLehose Press, 2009 (1975)].

Chlevnjuk, Oleg V. *Stalinskoe politbjuro. Mechanizmy političeskoj bor'by v 1930-e gody*, Moskva 1996. [*Master of the House: Stalin and His Inner Circle*, translated by Nora Seligman Favorov, New Haven and London: Yale University Press, 2009.]

Clark, Katerina. *Moscow, the Fourth Rome: Stalinism, Cosmopolitanism, and the Evolution of Soviet Culture, 1931 – 1941*, Cambridge/Mass. 2011

Classen, Constance /David Howes/Anthony Synnott. *Aroma. The Cultural History of Smell*, London 1994, 2002.

Cocteau, Jean. 'Le retour de Mademoiselle Chanel', in: *Femina*, march 1954, reprinted in: Jean-Louis Froment: *No.5 Culture Chanel, Ausstellung im Palais de Tokyo*, New York 2013, S. 5.

Corbin, Alain. *Pesthauch und Blütenduft. Eine Geschichte des Geruchs*. Aus dem Französischen von Grete Osterwald, Berlin 1984. [*Le miasme et la jonquille*, Paris: Flammarion, 1982; 阿蘭・柯爾本著，蔡孟貞譯，《惡臭與芬芳：感官、衛生與實踐，近代法國氣味的想像與社會空間》，新北：臺灣商務出版社，2021]

Čuev, Feliks. *Sto sorok besed s Molotovym. Iz dnevnika F. Čueva*, Moskva 1991. http://stalinism.ru/elektronnaya-biblioteka/sto-sorok-besed-s-molotovyim.html? (2019.08.12).

David-Fox, Michael. *Crossing Borders. Modernity, Ideology, and Culture in Rus-*

書目

»Art Deco: 1910 – 1939«, Catalogue of the exhibition on display at the V & A South Kensington from 27 March – 20 July 2003.

Académie Scientifique de beauté: http://www.academiebeaute.de/de/the-brand/history.html (2019.03.09).

Allilujewa, Swetlana. *Zwanzig Briefe an einen Freund*, Zürich o. J.1967.[*Twenty Letters to a Friend*, translated by Priscilla Johnson, London: Hutchinson, 1967.]

Barthes, Roland. The Match between Chanel and Vourrèges. As refereed by a philosopher, *Marie Clair*, September 1967, reprinted in: Jean-Louis Froment: *No.5 Culture Chanel, Ausstellung im Palais de Tokyo*, New York 2013, S. 43 – 44.

Bartlett, Djurdja. *Fashion East. The Spectre That Haunted Socialism*, Cambridge/Mass. 2010.

Bauermeister, Christiane et. al. *Sieg über die Sonne. Aspekte russischer Kunst zu Beginn des 20. Jahrhunderts*, Berlin 1983.

Beevor, Antony. *Die Akte Olga Tschechowa. Aus dem Englischen von Helmut Ettinger*, München 2004. [*The Mystery of Olga Chekhova*, London: Penguin, 2005.]

Belova, Anna. »Žemčužina« Vjačeslava Molotova: Supruga narkoma, kotoruju nenavidel Stalin, *Kulturologia.ru*, 7 December 2018, https://kulturologia.ru/blogs/071218/41551/ (2019.08.12).

Benjamin, Walter. *Das Passagen-Werk. Aufzeichnungen und Materialien, Gesammelte Schriften* V.1, hg. von Rolf Tiedemann, Frankfurt/Main 1982. [*The Arcades Project*, translated by Howard Eiland and Kevin McLaughlin, Cambridge, MA: Harvard University Press, 1999.]

Berberovas, Nina. *Železnaja ženščina*, Moskva 2009[1988]. [*Moura: The Dangerous Life of the Baroness Budberg*, translated by Marian Schwartz and Richard D. Sylvester, New York Review of Books, 2005.]

Bogomolec, Aleksandr A. https://ru.wikipedia.org/wiki/Богомолец,_Александр_Александрович (2019.08.12).

Bogomolec, Aleksandr A. *Prodlenie žizni*, Kiev 1940. [*The Prolongation of Life*, translated by Peter V. Karpovich and Sonia Bleeker, New York: Duell, Sloan

Panorama 全景 02

帝國的香水：

「香奈兒五號」與「紅色莫斯科」的氣味世界

DER DUFT DER IMPERIEN: Chanel N°5 und Rotes Moskau

作者　卡爾・施洛格（Karl Schlögel）
譯者　劉于怡
執行長　陳蕙慧
總編輯　張惠菁
責任編輯　余玉琦
行銷總監　陳雅雯
行銷企劃　余一霞
封面設計　兒日設計
排版　立全電腦印前排版有限公司

社長　郭重興
發行人　曾大福
出版　遠足文化事業股份有限公司
發行　遠足文化事業股份有限公司
地址　231 新北市新店區民權路108-3號9樓
電話　02-22181417
傳真　02-22180727
客服專線　0800-221029
法律顧問　華陽法律事務所　蘇文生律師
印刷　呈靖彩藝有限公司
初版　2022年12月
定價　380元
ISBN　9789865081645（紙本）
9789865081669（PDF）
9789865081652（EPUB）

國家圖書館出版品預行編目(CIP)資料

帝國的香水：「香奈兒五號」與「紅色莫斯科」的氣味世界/卡爾.施洛格(Karl Schlögl)著；劉于怡譯. -- 初版. -- 新北市：遠足文化事業股份有限公司, 2022.12
256面；14.8×21公分. -- (Panorama ; 2)
譯自：Der Duft der Imperien : Chanel No 5 und Rotes Moskau
ISBN 978-986-508-164-5(平裝)

1.CST: 香水 2.CST: 歷史

466.71 111018592

Panorama 全景

Panorama 全景